Palaeontology and Rare Fossil Biotas in Hubei Province

湖北省古生物与珍稀古生物群落

湖北省地质调查院●组编

VOL.1

第一卷

原生、古杯、多孔、蠕形动物

Protozoa, Archaeocyatha, Porifera, Vermes

陈公信　孙振华　陈志强◎主编

长江出版传媒 Changjiang Publishing & Media
湖北科学技术出版社 HUBEI SCIENCE & TECHNOLOGY PRESS

图书在版编目（CIP）数据

湖北省古生物与珍稀古生物群落．第一卷，原生、古杯、多孔、蠕形动物／陈公信，孙振华，陈志强主编．—武汉：湖北科学技术出版社，2020.5

ISBN 978-7-5706-0844-7

Ⅰ．①湖… Ⅱ．①陈… ②孙… ③陈… Ⅲ．①古生物—研究—湖北 Ⅳ．① Q911.726.3

中国版本图书馆 CIP 数据核字 (2019) 第 299204 号

HUBEI SHENG GUSHENGWU YU ZHENXI GUSHENGWU QUNLUO
DI-YI JUAN YUANSHENG GUBEI DUOKONG RUXING DONGWU

策　　划：李慎谦　高诚毅　宋志阳　　责任校对：王　梅
责任编辑：宋志阳　　封面设计：喻　杨

出版发行：湖北科学技术出版社　　电话：027-87679468
地　　址：武汉市雄楚大街 268 号
（湖北出版文化城 B 座 13-14 层）　　邮编：430070
网　　址：http://www.hbstp.com.cn

印　　刷：湖北金港彩印有限公司　　邮编：430023

787 × 1092　1/16　　9.25 印张　1 插页　220 千字
2020 年 5 月第 1 版　　2020 年 5 月第 1 次印刷

定价：110.00 元

《湖北省古生物与珍稀古生物群落》编委会

主　　编　朱厚伦　马　元

副 主 编　汪啸风　钟　伟　胡正祥

编写人员（以姓氏笔画排序）

王传尚　王保忠　王淑敏　毛新武

邓乾忠　田望学　刘贵兴　孙振华

何仁亮　张汉金　陈公信　陈孝红

陈志强　陈　超　宗　维　徐家荣

黎作骢

前　言

湖北省地层古生物调查研究始于20世纪20年代，近一个世纪以来，形成了大量极具参考价值的文献、专著，其中，由原湖北省区域地质测量队完成并于1984年在湖北科学技术出版社出版的《湖北省古生物图册》就是其中的代表作之一。该专著系统、全面地总结了湖北省古生物资料，涉及16个门类、872个属、2 130个种，并附有130余幅插图及说明、270余幅图版及图版说明，较为客观地反映了湖北省各个地质时期的古生物群面貌。长期以来，《湖北省古生物图册》为湖北省及其相关地质调查研究提供了丰富翔实的资料，在科研、教学部门得到了广泛应用，即便在今天，仍有着较高的学术参考价值。

然而，随着湖北省地质工作不断推进，本书长时间未更新，已不能很好地满足新时代地学工作者的需要。首先，湖北省地层分区和部分地层划分、时代归属等基础地质问题不断完善，而《湖北省古生物图册》是在20世纪80年代地质调查背景下编写的，书中涉及地质背景方面的表述与当前认识存在出入，使得现今读者难以全面深入地理解一些古生物化石对应的地层产出层位。其次，在过去的几十年，湖北省一些行政区划及地名不断发生更改、合并、分解等变化，书中的某些地名在现有的地图上无法找寻，导致读者不能准确获得某些古生物化石的现今产地。此外，使用过程中在原“图册”中发现了一些欠规范、欠合理的表述，影响了其应有的价值。有鉴于此，为使本书更大限度地发挥其科学价值，特进行此次修编。

新版修编主要在原版基础上进行，保留原“图册”的体例设置、门类、属种及描述、插图、图版及说明。本次修编主要在化石产出层位、产出时代、产出地点和规范描述、查漏补缺等方面进行修正。具体体现在以下几个方面：(1)参考2014年中国地层表，“图册”中的部分地质年代单位、年代地层单位发生改变，如：将原“早寒武世”分解为“纽芬兰世、第二世”，寒武系四分为纽芬兰统、第二统、第三统、芙蓉统；类似的志留系、二叠系等也做了修订。(2)地层分区、地层单位的资料参考了由湖北省地质调查院2017年完成的新一代《湖北省区域地质志》，对部分地层单位进行了更新，如：临湘组并入宝塔组，分乡组并入南津关组，崇阳组改成柳林岗组等；对部分地层时代进行了修正，如：宝塔组时代由晚奥陶世改为中—晚奥陶世，大湾组时代由早奥陶世改为早—中奥陶世，坟头组时代由中志留世改为志留纪兰多弗里世等。(3)对古生物化石产出地点行政单位名称进行了调整，如：蒲圻县改为赤壁市、襄樊市改为襄阳市、广济县改为武穴市等。对原“图册”进行了严格的图文对应，部分图片说明缺失之处做了补充，对一些古生物化石的描述术语进行了统一规范化，对文中的一些漏字、多字、错别字现象分别进行了修改，在此不一一示例。

本次修编工作由湖北省地质局主持，湖北省地质调查院具体承担修编任务，湖北科学技术出版社在文字、体例等方面做了系统修改。中国地质调查局武汉地质调查中心汪啸风研究员、陈孝红研究员参加了本次修编工作的申报、审定工作。在此，对所有参加修编的单位和个人，表示衷心的感谢。

1984年原“图册”出版以来，国际、国内以及湖北古生物研究方面有了许多新发现、新进展，据此做了修编工作，但主要是以室内工作为主，未能全面系统地反映最新的进展和有关成果，请予谅解。且受修编者水平限制，难免存在错误及遗漏之处，欢迎广大读者批评、指正。

湖北省地质调查院

2019年2月

目　录

一、化石描述……1

(一)原生动物门　Protozoa……3

肉足纲　Sarcodina……3

有孔虫亚纲　Foraminifera……3

蜓目　Fusulinida Fursenko, 1958……3

纺锤蜓超科　Fusulinidea Moeller, 1878……6

小泽蜓科　Ozawainellidae Thompson et Foster, 1937……6

小泽蜓亚科　Ozawainellinae Thompson et Foster, 1937……6

苏伯特蜓科　Schubertellidae Skinner, 1931……11

苏伯特蜓亚科　Schubertellinae Skinner, 1931……11

布尔顿蜓亚科　Boultoninae Skinner et Wilde, 1954……14

纺锤蜓科　Fusulinidae von Moeller, 1878……19

小纺锤蜓亚科　Fusulinellinae Staff et Wedekind, 1910……19

纺锤蜓亚科　Fusulininae Moeller, 1878……27

希瓦格蜓科　Schwagerinidae Dunbar et Henbest, 1930……31

希瓦格蜓亚科　Schwagerininae Dunbar et Henbest, 1930……31

费伯克蜓超科　Verbeekinidea Staff et Wedekind, 1910……49

史塔夫蜓科　Staffellidae A. M. –Maclay, 1949……49

史塔夫蜓亚科　Staffellinae A. M. –Maclay, 1949……49

费伯克蜓科　Verbeekinidae Staff et Wedekind, 1910……57

费伯克蜓亚科　Verbeekininae Staff et Wedekind, 1910……57

米斯蜓亚科　Misellininae A. M. –Maclay, 1958, emend. Sheng, 1963……59

新希瓦格蜓科　Neoschwagerinidae Dunbar et Condra, 1927……63

新希瓦格蜓亚科　Neoschwagerininae Dunbar et Condra, 1927……63

苏门答腊蜓亚科　Sumatrininae Silvestri, 1933……67

(二)古杯动物门　Archaeocyatha……70

曲板古杯纲　Taenioidea Vologdin, 1962……70

原古杯目　Archaeocyathida Okulitch, 1936……70

原古杯科　Archaeocyathidae Okulitch，1943……70
始箭筒古杯科　Protopharetridae Vologdin，1957……73
（三）多孔动物门　Porifera……75
（四）蠕形动物超门　Vermes……77
二、属种拉丁名、中文名对照索引……79
三、图版说明……93
四、图版……113
附录　湖北省岩石地层序列表……141

一、化石描述

（一）原生动物门　Protozoa

肉足纲　Sarcodina

有孔虫亚纲　Foraminifera

蜓目　Fusulinida Fursenko，1958

蜓类为海相单细胞动物，始于早石炭世晚期，灭于二叠纪末期。它的壳质一般为石灰质，亦有极少数硅质。常见外形有纺锤形（图1）、凸镜形、球形、圆柱形等。壳体小的不及1mm，最大的可达3cm。主要构造简介如下。

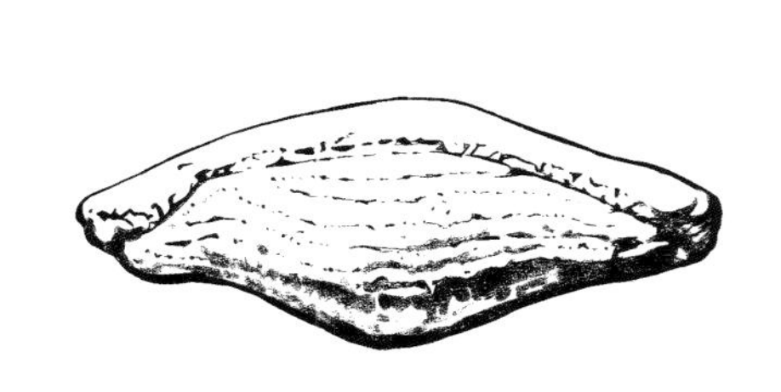

图1　纺锤形蜓类

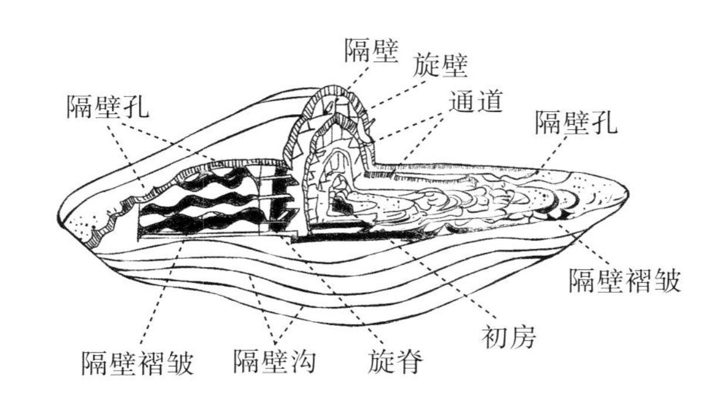

图2　蜓类壳室结构

1. 初房：蜓壳最初的房室，一般为圆球形（图2）。

2. 旋壁：由蜓类各壳室外壁相连而成。围绕中轴旋卷，是蜓类分类的重要依据之一（图2、图3），其构造繁简不一，由下列层次组成。

（1）致密层：黑色不透明的线状物，所有蜓均具有这一层（图3、图4、图5）。

（2）透明层：在致密层之下，无色透明，某些高级类型中，在高倍显微镜下有时可见微弱的丝状构造（图4）。

（3）疏松层：灰黑色疏松而不均一的物质，位于致密层的上方和下方（或透明层之下），称为内疏松层、外疏松层（图4、图5）。

（4）原始层：是一种低等蜓类旋壁的原始构造，呈浅灰色，不透明，比致密层浅，比透明层深，具有简单直管状、间距很小、排列整齐的圆孔构造的疏松物质，乍看很像蜂巢层，但不如蜂巢层清楚（图5）。

（5）蜂巢层：在致密层之下，呈丝状或梳状，有时分叉（图3）。

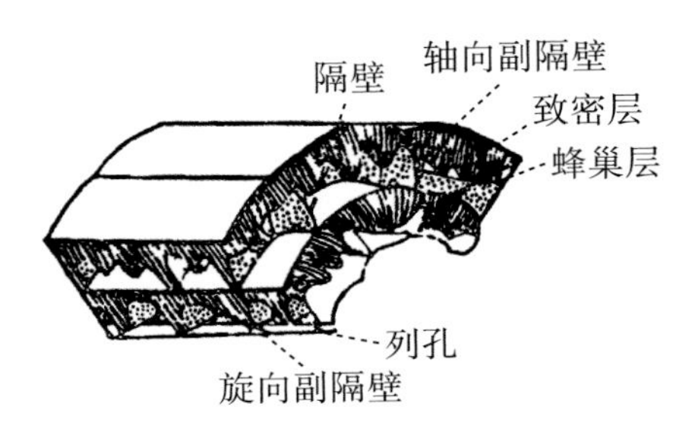

图3　蜂巢层结构

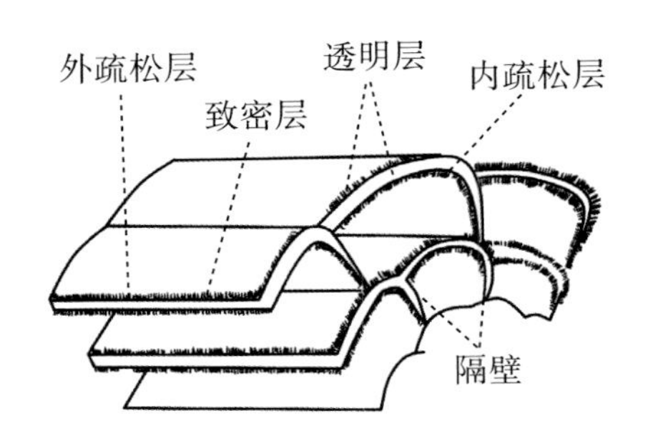

图4　隔壁结构

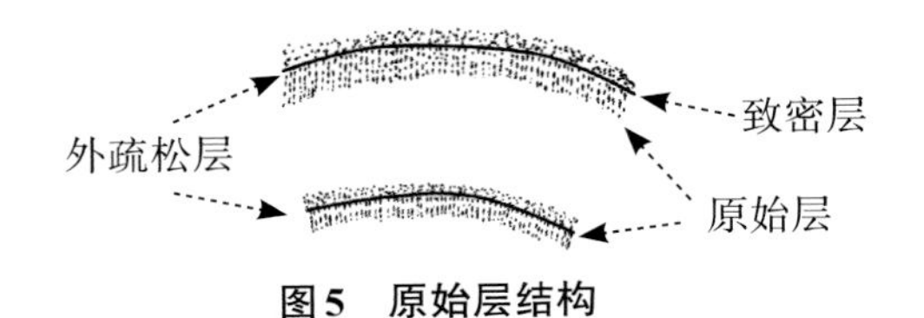

图5　原始层结构

3. 隔壁：是蜓壳旋壁折向中心的部分，与中轴平行，有的平直（图4、图6），有的褶皱（图7）。隔壁上常有许多圆形的小孔，称隔壁孔。

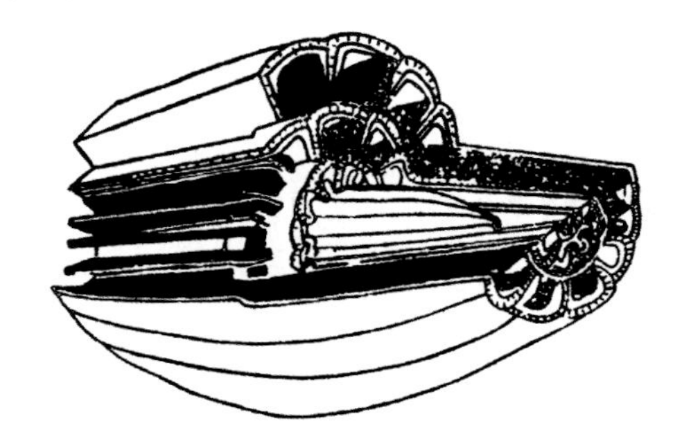

图6　平直隔壁结构

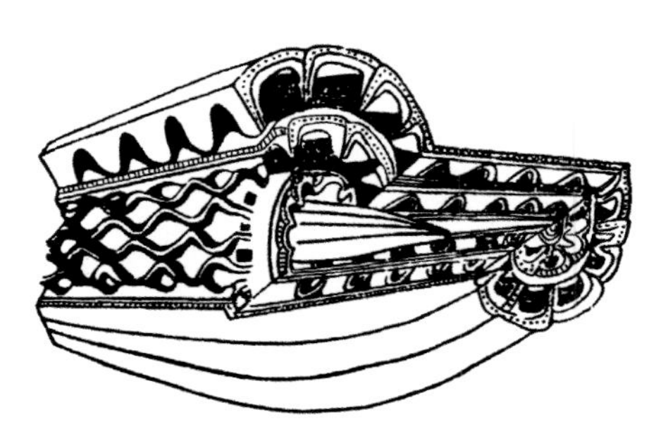

图7　褶皱隔壁结构

4. 副隔壁：介于两隔壁之间，为蜂巢层延长聚集而成。按其生长形式可分两组（图3、图8）。

（1）轴向副隔壁：与中轴平行。按其长短可分第一及第二轴向副隔壁。

（2）旋向副隔壁：与中轴垂直。按其长短可分第一及第二旋向副隔壁。

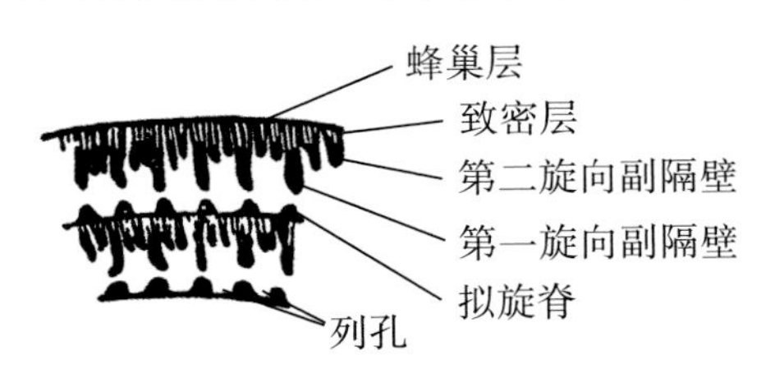

图8　副隔壁结构

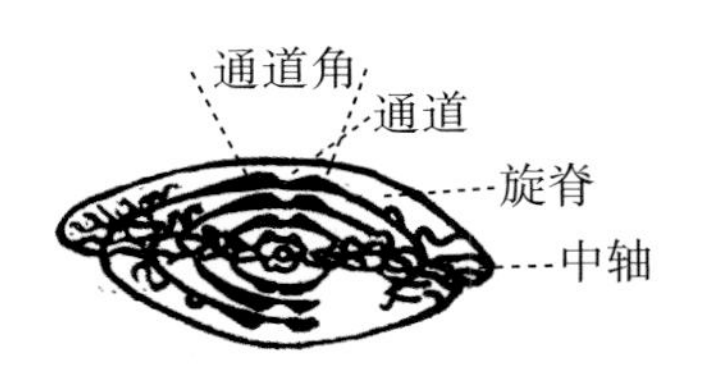

图9　隔壁底部孔道结构

5. 通道：于蜓壳中部，由隔壁底部收缩而留出的长形孔道（图9）。有的具有多个，称复通道（图10）。

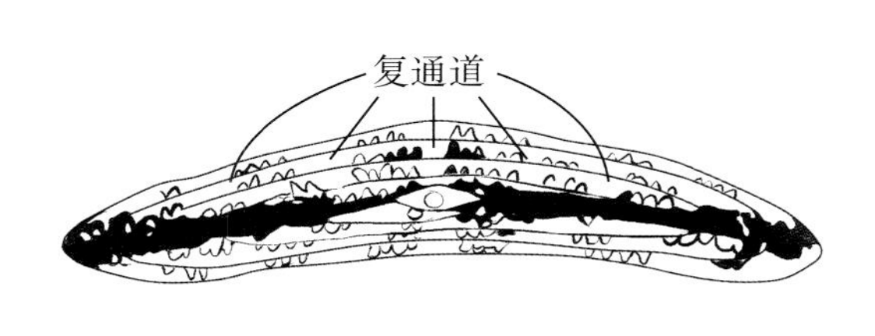

图10　复通道结构

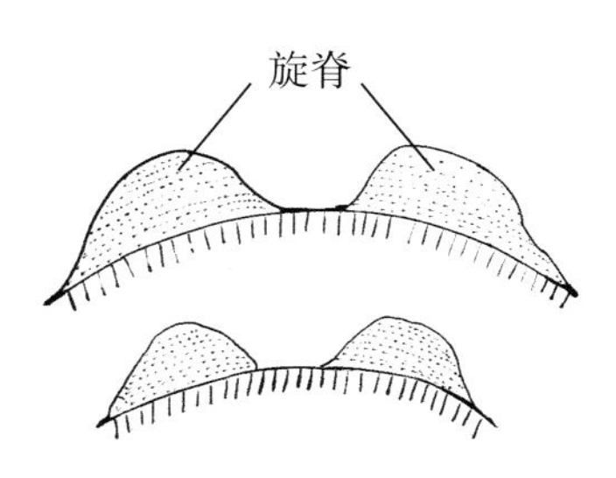

图11　旋脊结构

6. 旋脊：通道两侧突起的黑色物（图9、图11）。

7. 拟旋脊：高级蜓类中每一隔壁下端有排小孔，称为列孔（图3、图8、图12）。介于列孔之间像旋脊突起，称拟旋脊（图8、图12）。

8. 中轴：蜓壳两极相连的假想轴，一般是直的，少数是弯曲的或不规则的。

9. 轴积：有些蜓的初房两侧，沿中轴分布的黑色物，称轴积（图13）。

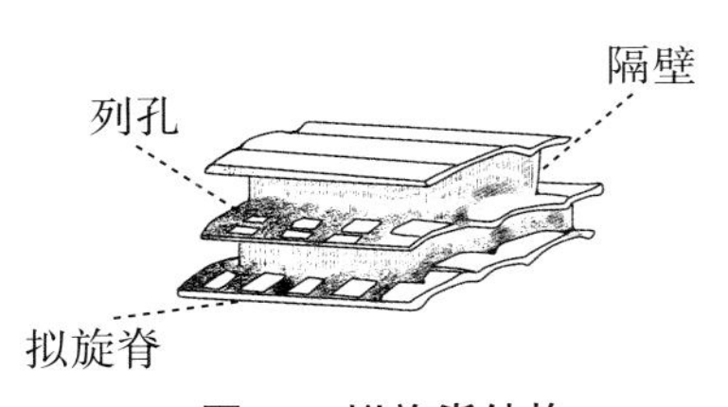

图12　拟旋脊结构

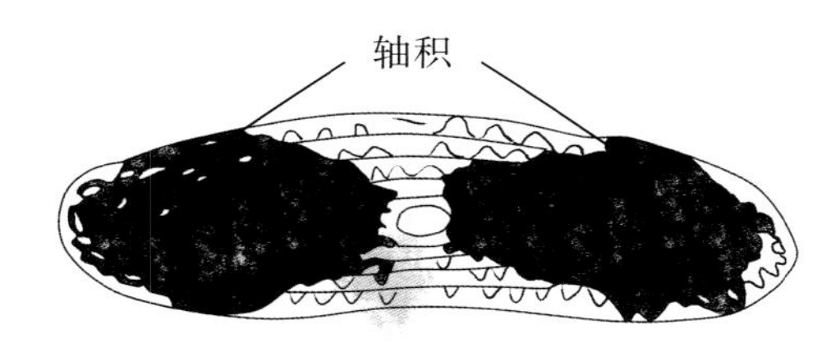

图13　轴积结构

10. 串孔：在隔壁褶皱很强烈而规则的蜓类中，相邻两隔壁褶皱相向凹凸，未到达壳室底部就互相连接，以至和室底之间形成一个拱形孔道，沿旋脊方向贯通（图14）。

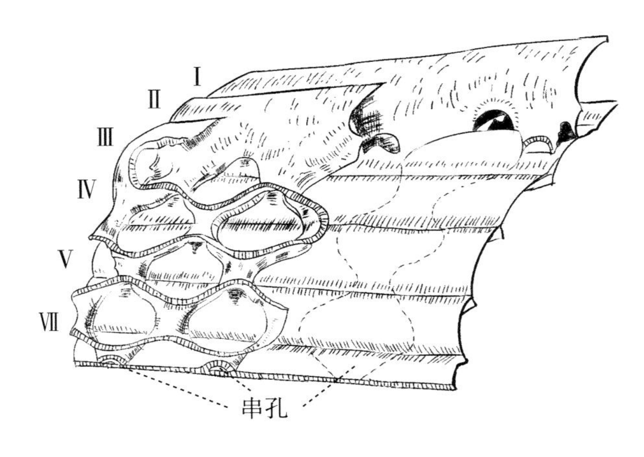

图14　串孔结构

纺锤蜓超科 Fusulinidea Moeller, 1878

小泽蜓科 Ozawainellidae Thompson et Foster, 1937

小泽蜓亚科 Ozawainellinae Thompson et Foster, 1937

始史塔夫蜓属 *Eostaffella* Rauser, 1948

壳微小至小，凸镜形或扁圆形，壳缘圆钝。全部壳圈内旋。旋壁由原始层或由致密层及内疏松层、外疏松层组成。隔壁平直。旋脊显著。

分布与时代 亚洲、北美洲；石炭纪。

安徽始史塔夫蜓湖北亚种（新亚种）

***Eostaffella anhuiana hubeiensis* G. X. Chen（subsp. nov.）**

（图版1，1）

壳微小，圆盘形，壳缘圆钝，脐部微凹。$3\frac{1}{2}$圈，长0.188mm，宽0.488mm，轴率0.385∶1。$1\sim3\frac{1}{2}$圈宽度为：0.113mm、0.213mm、0.375mm、0.488mm。旋壁薄，由致密层及内疏松层、外疏松层组成。隔壁平直。旋脊明显而向两侧延伸，每圈都有。初房外径0.05mm。

比较 新亚种和*E. anhuiana*之区别，新亚种的壳圈多，壳体反而较小；第1圈也不外旋。

产地层位 武汉市花山；下石炭统和州组。

展开始史塔夫蜓 *Eostaffella evolutis* Rosovskaya

（图版1，7）

壳微小，盘形。$2\frac{1}{2}$圈，长0.07mm，宽0.17mm，轴率0.41∶1。$1\sim2\frac{1}{2}$圈宽度为：0.07mm、0.12mm、0.17mm，旋壁很薄，由致密层一层组成，在高倍显微镜下可见到极薄的内疏松层、外疏松层。旋脊不发育。初房圆，外径0.02mm。

产地层位 武汉市花山；下石炭统和州组。

和县始史塔夫蜓 *Eostaffella hohsienica* Chang

（图版1，2）

壳微小，盘形，壳缘圆。4圈，第1圈外旋，其余内旋，长0.20mm，宽0.45mm，轴率0.44∶1。1～4圈宽度为：0.088mm、0.150mm、0.275mm、0.450mm。旋壁由致密层及内疏松层、外疏松层组成，隔壁平直。旋脊小，各圈都有。初房外径0.045mm。

产地层位 武汉市花山；下石炭统和州组。

拟施特鲁韦氏始史塔夫蜓楚索变种

Eostaffella parastruvei var. *chusovensis* Kireeva

（图版1,3）

壳微小,盘形,中部宽圆,脐部微凹。$3\frac{1}{2}$圈,长0.18mm,宽0.33mm,轴率0.55∶1。旋壁一层。隔壁平直。旋脊小而清楚,每圈都有。初房外径0.041mm。

产地层位 武汉市花山;下石炭统和州组。

阳新始史塔夫蜓(新种)

Eostaffella yangxinensis G. X. Chen(sp. nov.)

（图版1,4～6）

壳微小,圆盘形,壳缘钝圆,脐部内凹。4圈,正型标本,长0.19mm,宽0.57mm,轴率0.33∶1。1～4圈宽度为:0.13mm、0.23mm、0.37mm、0.57mm。旋壁由致密层及内疏松层、外疏松层组成,最外1圈很薄,只有1层较不致密层。第1圈和最外1圈均为外旋,其他为内旋。隔壁平直。旋脊明显,并向两侧延伸,初房外径0.06mm。

比较 新种与*Eostaffella pseudostruvei* var. *chomatifera* Kireeva相似,但后者的内轴与外轴正交,轴率也大,壳缘较窄,旋脊不如新种发育,可以区别。

产地层位 阳新县太子庙;上石炭统黄龙组。

小泽蜓属 *Ozawainella* Thompson,1935

壳微小到小,凸镜形,壳缘锋锐。旋壁由致密层及内疏松层、外疏松层组成,有的具透明层。隔壁平直。旋脊自通道向脐部延伸,每圈都有。

分布与时代 亚洲、欧洲、北美洲;晚石炭世。

角状小泽蜓 *Ozawainella angulata*(Colani)

（图版1,8）

壳微小,凸镜形。壳缘非常锋锐,侧坡近乎平直,两极微凹。$4\frac{1}{2}$圈,长0.25mm,宽0.74mm,轴率0.36∶1。旋壁薄,由致密层及内疏松层、外疏松层组成。旋脊明显。初房外径0.02mm。

产地层位 咸宁市咸安区高铺九门袁;上石炭统黄龙组。

巨小泽蜓 *Ozawainella magna* Sheng

（图版1,9、10）

壳小,凸镜形,壳缘尖锐,脐部近乎平坦。6圈,长0.51～0.58mm,宽1.10～1.23mm,轴率(0.46～0.47)∶1。旋壁厚,由较薄的致密层及较厚的外疏松层组成。旋脊发育,向两极延伸。初房外径0.038～0.050mm。

产地层位 崇阳县三山石屋塘；上石炭统黄龙组。

似球形小泽蜓（新种） *Ozawainella globoides* G. X. Chen（sp. nov.）

（图版1，11）

壳小，橄榄形或亚球形。侧坡微凹，脐部非常圆凸。壳缘尖锐。7圈，包卷较紧而规则，长0.725mm，宽1.150mm，轴率0.63∶1。1～7圈宽度为：0.075mm、0.163mm、0.288mm、0.450mm、0.625mm、0.900mm、1.150mm。旋壁3层，无透明层。隔壁平直。旋脊发育，向两极延伸。通道窄，呈一条窄缝状。初房外径0.025mm。

比较 新种以特别膨大的脐部和尖锐的壳缘，与*Ozawainella turgida* Sheng相似，但新种的脐部更为圆凸，包卷更为紧密而匀称，壳缘虽然尖锐，但壳宽明显矮短（窄），因而显现为带尖角的亚球形，其轴率远比后者大；另外壳圈多，壳体大，旋脊也较发育等，易和后者区别。

产地层位 崇阳县三山石屋塘；上石炭统黄龙组。

伏芝加尔小泽蜓 *Ozawainella vozhgalica* Safonova

（图版1，12）

壳小，凸镜形。中部具有锋锐棱角，脐部微内凹。5圈，长0.29mm，宽0.79mm。轴率0.37∶1。旋壁3层，无透明层。隔壁平直。旋脊各圈均显。初房外径0.05mm。

产地层位 长阳县楠树槽；上石炭统黄龙组。

拉且尔蜓属 *Reichelina* Erk，1941，emend. K. M. -Maclay，1951

壳微小，凸镜形。最外1圈扩伸不包卷，其壳室排成一直列；包卷部分极似小泽蜓，壳缘锋锐。旋壁由致密层及透明层组成。旋脊明显。

分布与时代 亚洲、北美洲；二叠纪，我国以二叠纪乐平世多见。

长兴拉且尔蜓 *Reichelina changhsingensis* Sheng et Chang

（图版1，18）

壳极小，凸镜形，中轴很短，脐部微凹。4圈，长0.18mm，宽0.80mm，轴率0.2∶1。1～4圈宽度为：0.10mm、0.14mm、0.18mm、0.80mm。旋壁由致密层及透明层组成。隔壁平直。旋脊小而清楚，每圈都有。初房外径0.04mm。

产地层位 利川市齐岳山天上坪；乐平统大隆组。

筛壁拉且尔蜓 *Reichelina cribroseptata* Erk

（图版1,23）

壳微小,凸镜形,壳缘锋锐,脐部外凸。$4\frac{1}{2}$圈,长0.21mm,宽0.66mm,轴率0.32∶1。第1圈盘形,其后各圈凸镜形,最外半圈不包卷,其宽约为包卷部分的$\frac{1}{2}$。旋壁由致密层及透明层组成。隔壁平直。旋脊小,各圈均有。初房外径0.04mm。

产地层位 利川市齐岳山天上坪;乐平统大隆组。大冶市沙田;乐平统下窑组。

宽松拉且尔蜓(新种) *Reichelina laxa* G. X. Chen(sp. nov.)

（图版1,21、22）

壳微小,凸镜形。壳缘尖锐,包卷很宽松,最外1圈不包卷,特别扩伸。$3\frac{1}{2}$圈,长0.21mm,宽0.41mm(不包括扩伸部分),轴率0.51∶1。1～3圈宽度为:0.09mm、0.23mm、0.41mm。旋壁薄,由致密层及很薄的疏松层组成。旋脊小,但向两极延伸。初房小,其外径0.02mm。

比较 新种与美丽拉且尔蜓 *Reichelina pulchra* K. M. -Maclay相似,但新种壳圈包卷宽松,壳圈少反而较大,轴率也大,易区别。

产地层位 崇阳县三山韭菜岭;乐平统吴家坪组。

简单拉且尔蜓 *Reichelina simplex* Sheng

（图版1,19）

壳微小,凸镜形,脐部微凸。$3\frac{1}{2}$圈,第1圈壳缘圆,其后各圈壳缘锋锐,长0.12mm,宽0.46mm,轴率0.44∶1。旋壁2层。隔壁平直。旋脊小而清楚。初房外径0.03mm。

产地层位 兴山县大峡口、宜都市松木坪;乐平统吴家坪组。大冶市保安沙田;乐平统下窑组。

柔拉且尔蜓 *Reichelina tenuissima* K. M. -Maclay

（图版1,20）

壳极小,凸镜形,中轴极短,脐部内凹。$3\frac{1}{2}$圈,长0.09mm,宽0.24mm,轴率0.32∶1。最外半圈稍放宽。旋壁极薄。隔壁平直。旋脊极小。初房外径0.03mm。

产地层位 利川市齐岳山天上坪;乐平统大隆组。

假内卷蜓属 *Pseudoendothyra* Mikhaylov,1939

壳微小至小,扁圆形,内旋,有时外部壳圈外旋。旋壁由致密层,透明层及内疏松层、外疏松层组成。隔壁平直。旋脊小,各圈都有。

分布与时代 中国、苏联、西班牙,北美洲等;石炭纪。

嘉鱼假内卷蜓（新种） *Pseudoendothyra jiayuensis* G. X. Chen（sp. nov.）

（图版14,1）

壳很小，扁圆形或盘形，壳缘圆凸，脐部内凹。第1～3圈呈凸镜形，其后渐为盘形，最外1～2圈外旋。约7圈，长0.71mm，宽1.88mm，轴率0.38∶1。旋壁4层，旋脊较大，各圈都有。初房不清楚。

比较 新种与*Pseudoendothyra vlerki* Van Ginkel相似，但后者的壳缘为尖凸，壳圈包卷也宽松，可以区别。

产地层位 嘉鱼县高铁岭；船山统船山组。

魏勒克氏假内卷蜓 *Pseudoendothyra vlerki* Van Ginkel

（图版14,2）

壳很小，盘形，壳缘尖凸，脐部宽深。第1～3圈内旋，最外2～3圈外旋。约6圈，长0.46mm，宽1.91mm，轴率0.24∶1。旋壁4层。旋脊发育，较大，各圈都有。初房不清楚。

产地层位 松滋市好汉坡；船山统船山组。

黔西假内卷蜓 *Pseudoendothyra qianxiensis* Chang

（图版15,2、3）

壳很小，近斜方形，壳缘尖，脐部微凹。5圈，长0.65～0.75mm，宽1.31～1.36mm，轴率0.5∶1。各圈壳缘都较尖锐（这是该种鉴别的主要特点）。

产地层位 阳新县太子庙；船山统船山组。

假史塔夫蜓属 *Pseudostaffella* Thompson，1942

壳微小至小。近球形或亚球形、近正方形。旋壁由致密层及内疏松层、外疏松层，有时也具透明层。隔壁平直。旋脊特别发达，常自通道延至两极。

分布与时代 亚洲、北美洲；晚石炭世早期。

混淆假史塔夫蜓 *Pseudostaffella confusa*（Lee et Chen）

（图版1,15）

壳很小，亚球形。$4\frac{1}{2}$圈，包卷很紧，长0.48mm，宽0.59mm，轴率0.81∶1。旋壁3层，无透明层。旋脊发达，通道很窄。初房外径0.05mm。

这个种和*Pseudostaffella ozawai*（Lee et Chen）相似，但其壳体小，壳圈包卷紧密等可以区别。

产地层位 崇阳县三山石屋塘；上石炭统黄龙组。

似球形假史塔夫䗴 *Pseudostaffella sphaeroidea*（Ehrenberg）

（图版1，16）

壳小，亚球形。5圈，长0.75mm，宽0.87mm，轴率0.86∶1。旋壁3层，无透明层。旋脊特别发达，块状，自通道向两极延伸，面向通道一方陡峭，向两极一方缓斜。初房外径0.08mm。

产地层位 崇阳县三山石屋塘；上石炭统黄龙组。

拟似球形假史塔夫䗴 *Pseudostaffella parasphaeroidea*（Lee et Chen）

（图版1，13、14）

壳小，亚球形或浑圆的正方形，轴切面近乎正方形。7圈，长1.4mm，宽1.4mm，轴率1∶1。1～7圈宽度为：0.175mm、0.300mm、0.500mm、0.700mm、0.900mm、1.170mm、1.400mm。旋壁3层，无透明层。隔壁平直。旋脊块状，而向通道一方陡峭，向两极一方缓斜。通道切面近乎正方形。初房外径0.075mm。

产地层位 崇阳县三山石屋塘；上石炭统黄龙组。

小泽氏假史塔夫䗴 *Pseudostaffella ozawai*（Lee et Chen）

（图版1，17）

壳小，近球形。$4\frac{1}{2}$圈，长0.64mm，宽0.75mm，轴率0.85∶1。旋壁由致密层及内疏松层、外疏松层组成。各圈包卷紧，但最外1圈宽松。旋脊发育。初房外径0.07mm。

产地层位 崇阳县三山石屋塘；上石炭统黄龙组。

苏伯特䗴科 Schubertellidae Skinner，1931

苏伯特䗴亚科 Schubertellinae Skinner，1931

苏伯特䗴属 *Schubertella* Staff et Wedekind，1910

壳微小至小，纺锤形至粗纺锤形，两极钝圆。第1～2圈的中轴与外圈的中轴斜交。旋壁由致密层及其下一层的较不致密层组成，高级的种可能具有透明层。隔壁平直或微皱。旋脊小。

分布与时代 亚洲、北美洲；晚石炭世—二叠纪。

宽松苏伯特䗴筒形亚种（新亚种）

Schubertella lata cylindrica G. X. Chen（subsp. nov.）

（图版1，27、28）

壳微小，筒形。中部一边平直，另一边微凸，两极切齐。$3\frac{1}{2}$～$4\frac{1}{2}$圈，第1～$1\frac{1}{2}$圈内卷虫式包卷，其中轴与其后各圈中轴正交。最外1圈两极不包卷而张开。正型标本壳长0.84mm，宽0.41mm，轴率2.05∶1。旋壁很薄似乎只有一层致密层，在外圈可见内疏松层。隔壁平直。旋脊小，各圈都有。初房外径0.03mm。

比较 新亚种与*Sch. lata elliptica* Sheng很相似。但新亚种壳圈一边微凸，另一边平直，最外1圈的极部不包卷而张开，同时旋脊明显，轴率较大等可以区别。

产地层位 阳新县白水塘、大冶市西畈李；上石炭统黄龙组。

宽松苏伯特蜓椭圆变种 *Schubertella lata* var. *elliptica* Sheng

（图版1，26）

壳微小，椭圆形。$3\frac{1}{2}\sim4\frac{1}{2}$圈，长0.46mm，宽0.22～0.28mm，轴率（1.64～2.09）∶1。第$1\sim1\frac{1}{2}$圈为内卷虫式包卷，其中轴与外圈中轴正交。旋壁薄。隔壁平直。旋脊小。初房外径0.02mm。

产地层位 大冶市金山店高田、阳新县洛家湾；上石炭统黄龙组。

昧苏伯特蜓 *Schubertella obscura* Lee et Chen

（图版1，24、25）

壳很小，近椭圆形或亚球形，$1\frac{1}{2}\sim2$圈，长0.44mm，宽0.32mm，轴率1.4∶1。第1圈近球形。旋壁似由2层组成。隔壁平直。旋脊显著。通道窄低。初房较大，外径0.12mm。

产地层位 远安县、长阳县平洛楠树槽、阳新县白水塘；上石炭统黄龙组。

假简单苏伯特蜓 *Schubertella pseudosimplex* Sheng

（图版1，30、33）

壳微小，椭圆形。4圈，第1圈外旋，其中轴与外圈中轴正交。壳长0.71mm，宽0.42mm，轴率1.69∶1。旋壁很薄似乎只有致密层，或很薄而不清楚的内疏松层。隔壁少而平直。旋脊见于内圈。初房外径0.03mm。

产地层位 大冶市樟山、京山市义和；阳新统栖霞组。

四川苏伯特蜓 *Schubertella sichuanensis* Chen J. R.

（图版1，31）

肿纺锤形或亚球形，中部及两极均膨凸。4圈，第1圈内卷虫式，与外部壳圈中轴斜交。壳长0.59mm，宽0.49mm，轴率1.21∶1。旋壁由致密层及内疏松层组成。旋脊小。初房小，外径0.02mm。

产地层位 阳新县洛家湾；上石炭统黄龙组。

亚金氏苏伯特䗴　*Schubertella subkingi* Putrja

（图版1,29）

壳小,纺锤形,中部微凸,两极略尖。$3\frac{1}{2}$圈,长1.15mm,宽0.43mm,轴率2.7∶1。第1圈中轴与外圈中轴略为斜交。旋壁很薄,3层,无透明层。旋脊发育。通道低而宽。初房外径0.04mm。

产地层位　咸宁市咸安区学堂胡;上石炭统黄龙组。

通山苏伯特䗴(新种)　*Schubertella tongshanensis* G. X. Chen(sp. nov.)

（图版1,32）

壳微小,松柔短筒状,中部一边平直,另一边微拱,两极像翅状伸展。5圈,第1圈内卷虫式,其中轴与外圈中轴正交,包卷松柔。壳长0.84mm,宽0.39mm,轴率2.15∶1。1～5圈宽度为:0.06mm、0.10mm、0.17mm、0.28mm、0.39mm。旋壁很薄,由致密层及很薄的内疏松层、外疏松层组成。隔壁平直,在最外1圈的两极部位隔壁较密呈羽状展开。旋脊小,各圈都有。初房外径0.03mm。

比较　新种与*Schuberttella lata cylindrica*相似,但前者以其特殊的壳形;松柔短筒形,两极像翅状伸展等可以区别。

产地层位　咸宁市咸安区成安高桥九门袁;上石炭统黄龙组。

横苏伯特䗴　*Schubertella tranitoria* Staff et Wedekind

（图版1,34、35）

壳小,纺锤形,中部微凸,两极钝圆。4～$4\frac{1}{2}$圈,第1～$1\frac{1}{2}$圈内卷虫式,其中轴与外部壳圈中轴斜交或正交。壳长0.84～1.10mm,宽0.41～0.61mm,轴率(1.80～2.04)∶1。旋壁薄,由致密层及内疏松层组成。隔壁平直,仅在极部有微皱。旋脊小。初房外径0.03mm。

产地层位　大冶市西畈李;上石炭统黄龙组。

微纺锤䗴属　*Fusiella* Lee et Chen,1930

壳小,中轴长,亚圆柱形至纺锤形。内圈呈内卷虫式,其中轴与外圈的中轴斜交。旋壁由致密层及内疏松层、外疏松层组成。隔壁平直。旋脊小。轴积窄而淡。通道单一。

分布与时代　中国、日本、苏联,东南亚、;晚石炭世早期。

特殊微纺锤䗴　*Fusiella paradoxa* Lee et Chen

（图版2,25）

壳小,长纺锤形至亚圆柱形。中部微拱,两极略尖。一般5圈,包卷较紧密,每圈宽度由内向外徐徐增大。长约1.38mm,宽约0.32mm,轴率4∶1。旋壁3层,无透明层。隔壁平直。旋脊小每圈都有。初房外径0.02mm。

产地层位　远安县、大冶市金山店高田;上石炭统黄龙组。

前标准微纺锤蜓 *Fusiella praetypica* Safonova

（图版1，37）

壳小，菱形，中部强凸，侧坡内凹，两极钝尖。$4\frac{1}{2}$圈，长1.08mm，宽0.51mm，轴率2.12∶1。第1～2圈内卷虫式，其中轴与外圈中轴正交。第3圈以后渐为菱形。旋壁3层，无透明层。隔壁平直。旋脊弱。初房外径0.02mm。

产地层位 宣恩县长潭河天朝湾；上石炭统黄龙组。

美丽微纺锤蜓 *Fusiella pulchella* Safonova

（图版2，23）

壳微小，纺锤形，中部拱，两极尖。5圈，长0.99mm，宽0.46mm，轴率2.15∶1。第1圈中轴与外圈中轴斜交。旋壁3层，无透明层。隔壁平直。旋脊小而清楚。初房外径0.03mm。

产地层位 武汉市江夏区黄金塘；上石炭统黄龙组。

标准微纺锤蜓 *Fusiella typica* Lee et Chen

（图版2，24）

壳小，纺锤形，中部强凸，两极尖出。5圈，长1.44mm，宽0.56mm，轴率2.57∶1。第1圈中轴与外圈中轴斜交。壳圈包卷紧。旋壁3层，无透明层。隔壁平直。旋脊小。初房外径约0.016mm。

产地层位 松滋市丁家冲；上石炭统黄龙组。

标准微纺锤蜓延伸变种 *Fusiella typica* var. *extensa* Rauser

（图版1，36）

壳小，长纺锤形，两极尖。$5\frac{1}{2}$圈，长1.96mm，宽0.61mm，轴率3.2∶1。第1～2圈中轴与外圈中轴斜交。旋壁3层，无透明层。隔壁平直。旋脊小仅见于第3～4圈。轴积弱。初房外径0.03mm。

产地层位 宣恩县长潭河天朝湾；上石炭统黄龙组。

布尔顿蜓亚科 Boultoninae Skinner et Wilde，1954

喇叭蜓属 *Codonofusiella* Dunber et Skinner，1937

壳微小至小。最初壳圈为纺锤形，最外1圈不包卷，向外展开。第1～2壳圈的中轴与外部壳圈中轴斜交或正交。旋壁由致密层及透明层组成。隔壁强烈褶皱。旋脊很小。

分布与时代 亚洲、北美洲；二叠纪。

似球形喇叭䗴？ *Codonofusiella*? *globoides* Rui

（图版2,16）

壳很微小，似球形。$2\frac{1}{2}$圈。第1圈中轴与外圈中轴斜交。壳长0.23mm，宽0.20mm，轴率1.15∶1。1～$2\frac{1}{2}$圈宽度为：0.09mm、0.14mm、0.2mm。旋壁极薄。隔壁平直，仅在极部有微弱波皱。旋脊小，各圈都有。初房外径0.05mm。

这个种的主要特点是微小的壳体，较发育的旋脊，隔壁平直。有可能为苏伯特䗴。

产地层位 大冶市沙田；乐平统下窑组。

奇异喇叭䗴 *Codonofusiella paradoxica* Dunbar et Skinner

（图版2,1、21、22）

壳小，纺锤形。4圈，第1圈扁圆形，中轴与外中轴斜交。第2圈粗纺锤形，第3～4圈纺锤形。长1.03mm，宽0.41mm，轴率2.51∶1。旋壁由致密层及透明层组成。隔壁强烈褶皱，褶曲宽圆。旋脊未见。初房外径0.03mm。

产地层位 长阳县齐头山、利川市齐岳山；乐平统吴家坪组。

奇异喇叭䗴湖北亚种 *Codonofusiella paradoxica hubeiensis* Lin

（图版2,18）

本亚种和*C*. *paradoxica* Dunbar et Skinner的主要区别为：具有较大的轴率，较尖锐的两极和包卷较紧的壳圈。

$4\frac{1}{2}$圈，长1.07mm，宽0.33mm，轴率3.25∶1。初房外径0.04mm。

产地层位 长阳县齐头山；乐平统吴家坪组。

卢氏喇叭䗴 *Codonofusiella lui* Sheng

（图版2,2、6）

壳小，纺锤形。5圈，长1.60～1.91mm，宽0.56～0.61mm，轴率(2.85～3.13)∶1。第1圈中轴与外圈中轴斜交。旋壁极薄，2层。隔壁褶皱强烈，内圈褶曲为壳室的2/3左右，外圈几乎到达壳顶，排列不规则。旋脊无。通道不明显。初房外径0.04mm。

产地层位 宜都市松木坪、松滋市刘家场、来凤县老峡；乐平统吴家坪组。

假卢氏喇叭䗴 *Codonofusiella pseudolui* Sheng

（图版2,15）

壳小，纺锤形。$3\frac{1}{2}$圈，长1.39mm，宽0.61mm，轴率2.2∶1。第1圈中轴与外圈中轴斜交或正交。旋壁2层。隔壁褶皱强烈并到达壳室顶部。旋脊无。初房外径0.05mm。

产地层位　兴山县大峡口；乐平统吴家坪组。

卵形喇叭䗴　*Codonofusiella ovalis* Yang

（图版2，17）

壳极微小，卵形。3圈，长0.44mm，宽0.28mm，轴率1.57∶1。隔壁褶皱较弱，褶曲排列宽松，旋脊较发育。初房较大，外径0.032mm。

产地层位　大冶市沙田；乐平统下窑组。

伸长喇叭䗴　*Codonofusiella prolata* Rui

（图版2，19、20）

这个种的主要特征是中轴较长，两极尖出，隔壁褶皱不强烈。

3圈，长0.66～0.81mm，宽0.28～0.41mm，轴率（2.35～2）∶1。初房外径0.04～0.06mm。

产地层位　大冶市沙田；乐平统下窑组。

松滋喇叭䗴（新种）　*Codonofusiella songziensis* G. X. Chen（sp. nov.）

（图版2，3～5）

壳微小，呈两极伸展的亚球状，中部及侧坡均强圆凸，两极伸展锐尖。5圈，第1圈盘形外卷，其中轴与外圈中轴斜交或正交。第2～4圈均呈亚球形，最外1圈不包卷，向一个方向展开，并向两极伸展呈翅状。长0.98mm，宽0.47mm，轴率2.01∶1。旋壁薄，由致密层及很薄的透明层组成。隔壁少而柔弱，褶皱很微弱。旋脊显著，每圈都有。初房外径0.02mm。

比较　新种因具有上述奇特的壳卷形状以及发育的旋脊，很易和本属已知种区别。

产地层位　松滋市刘家场；乐平统吴家坪组。

苏伯特䗴状喇叭䗴　*Codonofusiella schubertelloides* Sheng

（图版2，7）

壳微小，粗纺锤形。$3\frac{1}{2}$圈，长0.63mm，宽0.43mm，轴率1.46∶1。1～$3\frac{1}{2}$圈宽度为：0.120mm、0.183mm、0.316mm、0.430mm。旋壁由致密层及透明层组成。隔壁强烈褶皱，褶曲宽圆。旋脊小，见于第1～2圈。初房外径0.05mm。

产地层位　大冶市沙田；乐平统下窑组。

古纺锤䗴属　*Palaeofusulina* Depart，1912

壳小，纺锤形至粗纺锤形。旋壁由致密层及透明层组成，隔壁褶皱十分强烈而规则。旋脊无。

分布与时代　亚洲、欧洲；二叠纪乐平世。

优美古纺锤蜓　*Palaeofusulina bella* Sheng

（图版3,1）

壳小,纺锤形,两极钝而齐。4圈,长1.65mm,宽1.19mm,轴率1.39∶1。旋壁薄,由致密层及透明层组成。隔壁褶皱强烈,褶曲排列紧密,两侧近乎平行。旋脊无,通道明显。初房外径0.10mm。

产地层位　利川市齐岳山;乐平统大隆组。

外旋古纺锤蜓　*Palaeofusulina evoluta*（Chen）

（图版3,5）

这个种的主要特征是隔壁褶皱强烈而规则,排列很紧密;最外1圈放松较快。

3圈,长1.10mm,宽0.55mm,轴率2∶1。初房外径0.06mm。

产地层位　松滋市刘家场;乐平统大隆组。

松柔古纺锤蜓　*Palaeofusulina fluxa* Chen

（图版2,9～11）

壳小,近冬瓜形,中部一侧微凸,另一侧平直或微凹。$3\frac{1}{2}$圈,长1.63～1.67mm,宽0.73～0.78mm,轴率(2.15～2.22)∶1。包卷较松。旋壁2层,薄而柔。隔壁强烈褶皱,窄而高,较规则。旋脊无。初房大而圆,外径0.10～0.12mm。

本种最大特征是壳体近冬瓜形,旋壁薄而柔,包卷松。

产地层位　崇阳县三山韭菜岭;乐平统吴家坪组。

松柔古纺锤蜓枕状亚种（新亚种）

Palaeofusulina fluxa cervicalis G. X. Chen（subsp. nov.）

（图版2,12～14）

当前新亚种和松柔古纺锤蜓在壳圈包卷和隔壁褶皱等方面基本相似,唯一区别是壳形长,中部两边都平直,各壳圈轴率都大。

一般3～$3\frac{1}{2}$圈,正型标本的壳长1.98mm,宽0.71mm,轴率2.79∶1。1～$3\frac{1}{2}$圈宽度为:0.18mm、0.32mm、0.56mm、0.71mm。初房外径0.12mm。

产地层位　崇阳县三山韭菜岭;乐平统吴家坪组。

矮小古纺锤蜓　*Palaeofusulina nana* Likharev

（图版3,2、3）

壳小,粗纺锤形。$4\frac{1}{2}$圈,长1.72～1.88mm,宽1.08～1.24mm,轴率(1.50～1.59)∶1。

旋壁由致密层及透明层组成。隔壁褶皱十分强烈，褶曲窄而高，排列整齐。旋脊无，通道明显。初房外径0.10mm。

产地层位 大冶市沙田；乐平统下窑组。松滋市刘家场，利川市齐岳山石硐子、天上坪；乐平统大隆组。

拟筵状古纺锤蜓 *Palaeofusulina parafusiformis* Lin

（图版3,7）

壳小，纺锤形。$4\frac{1}{2}$圈，长2.44mm，宽1.15mm，轴率2.11∶1。各圈均呈纺锤形，轴率2∶1左右，放松均匀。旋壁2层。隔壁强烈褶皱，褶曲排列十分整齐而紧密，两侧平行，窄而高。旋脊无。通道显著。初房外径0.08mm。

产地层位 咸丰县清坪；乐平统吴家坪组。

简单褶皱古纺锤蜓？ *Palaeofusulina? simplicata* Sheng

（图版3,8）

壳小，纺锤形，中部强凸，两极尖。$3\frac{1}{2}$圈，长1.71mm，宽0.99mm，轴率1.75∶1。包卷较松。旋壁2层。隔壁褶皱十分强烈，褶曲宽窄不匀，不甚规则。旋脊未见。通道清楚。初房外径0.08mm。

产地层位 来凤县老峡；乐平统吴家坪组。

中华古纺锤蜓 *Palaeofusulina sinensis* Sheng

（图版3,4）

壳小，粗纺锤形，中部凸，两极尖。$3\frac{1}{2}$～4圈，长1.59mm，宽0.93mm，轴率1.69∶1。旋壁2层。隔壁褶皱强烈，褶曲窄而高，排列整齐。旋脊无。通道清楚。初房外径0.08mm。

产地层位 利川市齐岳山石硐子、天上坪；乐平统大隆组。

王氏古纺锤蜓 *Palaeofusulina wangi* Sheng

（图版3,6）

壳小，粗纺锤形，$4\frac{1}{2}$圈，长2.37mm，宽1.47mm，轴率1.61∶1。旋壁2层。隔壁褶皱强烈，褶曲窄而高，排列整齐。通道十分清晰。旋脊无。初房外径0.13mm。

产地层位 咸丰县清坪；乐平统大隆组。

秭归蜓属 *Ziguiella* Lin，1981

壳近圆筒形至长纺锤形，平旋内卷。两极钝圆。旋壁薄，由致密层及透明层2层组成。隔壁全面强烈褶皱，窄而高。轴积淡。旋脊无。

与*Gallowaiinella*的区别，后者包卷紧，隔壁褶皱较低呈"⊓"形，排列十分紧密而规则；

前者壳体包卷较松，隔壁褶皱窄而高，几乎到达壳室顶部。

分布与时代 湖北三峡地区；二叠纪乐平世晚期。

似筒形秭归蜓 *Ziguiella quasicylindrica*（Ding）

（=*Gallowaiinella quasicylindrica* Ding）

（图版2，8）

壳中等，圆筒形，中部平坦，两极钝圆。5圈，长3.01mm，宽1.33mm，轴率2.66∶1。旋壁薄，由致密层和透明层组成。隔壁褶曲十分规则，呈"П"形排列，轴积淡，限于第1～3圈。旋脊无。通道显著。初房外径0.12mm。

产地层位 秭归县新滩；乐平统大隆组。

纺锤蜓科 Fusulinidae von Moeller，1878

小纺锤蜓亚科 Fusulinellinae Staff et Wedekind，1910

原小纺锤蜓属 *Profusulinella* Rauser，Beljaev et Reytlinger，1936

壳微小到小，纺锤形至粗纺锤形。旋壁由致密层及内疏松层、外疏松层组成。隔壁平直或在两极微皱。旋脊很大，每圈都有。

分布与时代 亚洲、北美洲；晚石炭世早期。

不变原小纺锤蜓 *Profusulinella constans* Safonova

（图版4，3）

壳小，纺锤形，两极钝尖。$5\frac{1}{2}$圈，长3.15mm，宽1.61mm，轴率1.98∶1。旋壁3层，无透明层。旋脊显著，内圈向两极延伸。初房外径0.13mm。

产地层位 长阳县落雁山马头颈；上石炭统黄龙组。

江达原小纺锤蜓 *Profusulinella jomdaensis* Chen J. R.

（图版4，2）

壳小，短纺锤形，中部拱，两极圆。5圈，长1.54mm，宽1.18mm，轴率1.31∶1。旋壁3层，隔壁平直，仅在两极微波状。旋脊粗壮。初房外径0.07mm。

产地层位 咸宁市汀泗桥；上石炭统黄龙组。

整饰原小纺锤蜓 *Profusulinella munda* Thompson

（图版4，7）

壳小，粗纺锤形。6圈，长2.26mm，宽1.53mm，轴率1.48∶1。1～6圈宽度为：0.17mm、0.29mm、0.46mm、0.71mm、1.11mm、1.53mm。旋壁3层。隔壁在两极微波褶，在其他部位平直。旋脊显著。初房外径0.09mm。

产地层位　宣恩县长潭河天朝湾；上石炭统黄龙组。

小原小纺锤䗴　*Profusulinella parva*（Lee et Chen）

（图版4，5）

壳小，椭圆形。$3\frac{1}{2}$圈，第1圈包卷紧，其后逐渐放松，长1.05mm，宽0.65mm，轴率1.62∶1。1～$3\frac{1}{2}$圈宽度为：0.23mm、0.35mm、0.53mm、0.65mm。旋壁薄，3层。隔壁全部平直。旋脊发育于第1～2圈，并向两极延伸。初房外径0.13mm。

产地层位　长阳县落雁山马头颈；上石炭统黄龙组。

近原始原小纺锤䗴　*Profusulinella priscoidea* Rauser

（图版5，1）

粗纺锤形。$6\frac{1}{2}$圈，第1～2圈内卷虫式，其中轴与外圈中轴正交。壳长1.79mm，宽1.14mm，轴率1.57∶1。旋壁薄，3层。隔壁几乎不褶皱，仅在两极有轻微波皱。旋脊显著，各圈都有。初房外径0.02mm。

产地层位　大冶市西畈李；上石炭统黄龙组。

阿留陀夫䗴属　*Aljutovella* Rauser，1951

壳小，纺锤形。旋壁由致密层及内疏松层、外疏松层组成。隔壁在中部平直，在两极和侧坡轻微褶皱。旋脊发达，每圈都有。

分布与时代　中国、苏联；晚石炭世早期。

诈阿留陀夫䗴　*Aljutovella fallax* Rauser

（图版4，1）

壳小，纺锤形。4圈，长1.51mm，宽0.63mm，轴率2.39∶1。1～4圈宽度为：0.16mm、0.27mm、0.4mm、0.63mm。旋壁薄，3层，无透明层。隔壁在中部平直，在两极及侧坡轻微褶皱。旋脊发达，各圈都有。初房外径0.08mm。

产地层位　大冶市西畈李；上石炭统黄龙组。

太子河䗴属　*Taitzehoella* Sheng，1951

壳小，菱形，中部强凸，侧坡内凹，两极伸出。包卷紧密。第1～2圈的中轴与外圈的中轴斜交。旋壁极薄，由致密层及内疏松层共2层组成。隔壁很多，全部不褶皱或仅在两极微皱。旋脊显著，每圈都有。

分布与时代　中国、苏联；晚石炭世早期。

太子河太子河蜓延伸变种 *Taitzehoella taitzehoensis* var. *extensa* Sheng

（图版4,4）

壳小，菱形，中部强凸，侧坡内凹，两极钝尖。7圈，第1圈中轴与外圈中轴正交。壳长1.94mm，宽0.91mm，轴率2.13∶1。隔壁在两极波状褶曲，在其余各部均不褶皱。旋脊小而明显，各圈都有。初房外径0.06mm。

产地层位 阳新县海口干鱼山；上石炭统黄龙组。

小纺锤蜓属 *Fusulinella* Moeller，1877

壳小到中等。纺锤形至粗纺锤形。旋壁由致密层、透明层及内疏松层、外疏松层4层组成。隔壁平直。旋脊特别显著而较大，每圈都有。

分布与时代 亚洲、北美洲；晚石炭世早期。

亚洲小纺锤蜓 *Fusulinella asiatica* Igo

（图版5,11）

壳小，近椭圆形，中部凸，两极宽圆。7圈，长3.25mm，宽1.60mm，轴率2.03∶1。旋壁4层，较薄。各圈包卷较紧密。隔壁在中部平直，仅在两极轻微褶皱，具简网状。旋脊显著，延伸至两极。初房外径0.11mm。

产地层位 宣恩县长潭河天朝湾；上石炭统黄龙组。

薄克氏小纺锤蜓 *Fusulinella bocki* Moeller

（图版4,10）

壳小，粗纺锤形，中部拱起，两极钝圆。$5\frac{1}{2}$圈，长3.45mm，宽1.85mm，轴率1.87∶1。旋壁4层，在内圈较薄，向外圈渐增厚，至最外1圈又变薄。隔壁在中部平直，在两极微皱。旋脊很大，向两侧延伸至两极。初房外径0.15mm。

产地层位 秭归县新滩；上石炭统黄龙组。

薄克氏纺锤蜓少隔壁变种 *Fusulinella bocki* var. *pauciseptata* Rauser

（图版4,14）

壳小，纺锤形。7圈，第1～3圈包卷紧密，其后渐松。壳长约4.2mm，宽约2.05mm，轴率2.04∶1。旋壁4层。隔壁在中部平直，仅在两极轻微褶皱。旋脊发达，向两侧延伸至两极。初房外径0.04mm。

产地层位 秭归县新滩；上石炭统黄龙组。

薄克氏小纺锤䗴圆形亚种　*Fusulinella bocki rotunda* Ishii

（图版4,16）

壳小，短纺锤形，中部圆凸，两极钝圆。$6\frac{1}{2}$圈，长2.21mm，宽1.25mm，轴率1.77∶1。旋壁较薄，4层。隔壁在中部平直，在极部微波曲。旋脊显著，向极部延伸。初房外径0.10mm。

产地层位　宣恩县长潭河天朝湾；上石炭统黄龙组。

薄克氏小纺锤䗴蒂曼变种　*Fusulinella bocki* var. *timanica* Rauser

（图版4,11）

壳小，粗纺锤形。7圈，长2.41mm，宽1.62mm，轴率1.49∶1。第1～2圈包卷紧密，其后渐松。旋壁较厚，4层。隔壁在中部平直，在两极微皱。旋脊显著而高，不向两侧延伸。初房外径0.07mm。

产地层位　嘉鱼县高铁岭；上石炭统黄龙组。

坎潘氏小纺锤䗴　*Fusulinella cumpani* Putrja

（图版5,13）

壳中等，纺锤形，中部微凸，两极尖出。5圈，包卷紧密，长3.67mm，宽1.44mm，轴率3.21∶1。1～5圈宽度为：0.18mm、0.31mm、0.49mm、0.73mm、1.44mm。旋壁薄，4层。隔壁在中部及侧坡平直，仅在极部微皱。旋脊小而清楚，每圈都有。初房外径0.10mm。

产地层位　咸宁市咸安区葛家湾；上石炭统黄龙组。

倾斜小纺锤䗴　*Fusulinella devexa* Thompson

（图版3,12）

壳中等，纺锤形，中部圆凸，两极钝尖。6圈，第1～5圈包卷紧密，最外1圈较松。壳长4.45mm，宽1.77mm，轴率2.51 ∶ 1。1～6圈宽度为：0.25mm、0.40mm、0.63mm、0.87mm、1.20mm、1.77mm。旋壁4层。隔壁平直，仅在极部微皱。旋脊发达向两极延伸。初房外径0.12mm。

产地层位　松滋市刘家场猫儿山；上石炭统黄龙组。

始美丽小纺锤䗴　*Fusulinella eopulchra* Rauser

（图版3,10）

该种和*Fusulinella bocki*的区别在于后者旋脊较大，旋壁较厚，包卷较紧，初房较小。

$7\frac{1}{2}$圈，长3.1mm，宽1.71mm，轴率1.81∶1。1～$7\frac{1}{2}$圈宽度为：0.2mm、0.28mm、0.45mm、0.61mm、1.18mm、1.51mm、1.71mm。初房外径0.13mm。

产地层位　武汉市江夏区黄金塘；上石炭统黄龙组。

奴隶小纺锤蝬　*Fusulinella famula* Thompson

（图版4,6）

壳小,厚纺锤形。5圈,第1～1$\frac{1}{2}$圈为球形,其后渐为亚球形至厚纺锤形。壳长2.49mm,宽1.44mm,轴率1.73∶1。旋壁厚,4层,外疏松层特厚。隔壁几乎不褶皱,仅在两极轻微褶皱。旋脊粗壮,向两极延伸。通道窄。初房外径0.17mm。

产地层位　松滋市刘家场猫儿湾;上石炭统黄龙组。

菲茨氏小纺锤蝬　*Fusulinella fittsi* Thompson

（图版4,12）

壳小,粗纺锤形,两极钝尖。4圈,长1.32mm,宽0.74mm,轴率1.79∶1。包卷较松,1～4圈宽度为:0.23mm、0.33mm、0.49mm、0.74mm。旋壁4层,但极薄,最外1圈旋壁无透明层。隔壁平直。旋脊发育,有时到达壳室高度的2/3。通道清楚。初房外径0.13mm。

产地层位　松滋市刘家场观音岩;上石炭统黄龙组。

松柔小纺锤蝬　*Fusulinella fluxa*（Lee et Chen）

（图版5,15）

壳小,不规则的纺锤形,两极圆。一般5～6圈,长2.28mm,宽0.76mm,轴率3∶1。第1～3圈包卷很紧,最外1圈较松并向两极伸长。旋壁很薄,4层。隔壁在中部平直,在两极具复杂的网状构造。旋脊显著。初房外径0.04～0.1mm。

产地层位　远安县;上石炭统黄龙组。

筳状小纺锤蝬　*Fusulinella fusiformis* Yao

（图版5,16）

壳微小,短而粗的纺锤形,中部强凸,两极钝圆。3$\frac{1}{2}$～4$\frac{1}{2}$圈,长0.8～0.84mm,宽0.50～0.64mm。轴率(1.3～1.5)∶1。旋壁4层,自内向外逐渐增厚,最外1圈变薄。隔壁仅在两极微皱。旋脊大而宽。通道窄而平直。初房外径0.1mm。

产地层位　远安县、咸丰县、大冶市西畈李;上石炭统黄龙组。

海伦氏小纺锤蝬　*Fusulinella helenae* Rauser

（图版3,15）

壳中等,纺锤形,中部强凸,侧坡急斜,两极钝尖。8圈,长4.28mm,宽1.75mm,轴率2.44∶1。包卷紧,1～8圈宽度为:0.12mm、0.16mm、0.29mm、0.43mm、0.59mm、0.86mm、1.29mm、1.75mm。旋壁4层,内疏松层较厚。隔壁平直。旋脊发育。通道低而宽。初房外径0.07mm。

产地层位 大冶市金山店高田；上石炭统黄龙组。

罕见小纺锤蜓 *Fusulinella inusitata* Chen

（图版5，9、10）

壳中等，纺锤形，两极尖。5～6圈，长3.22～3.43mm，宽0.90～1.06mm，轴率（3.04～3.86）:1。旋壁极薄而柔弱，可见透明层。隔壁仅在两极显很薄而柔软的褶皱，为简单的网状结构。旋脊明显，不是特别规则，向两极延伸到极部。通道不明显。初房外径0.10mm。

产地层位 咸宁市咸安区葛家湾；上石炭统黄龙组。

松卷小纺锤蜓 *Fusulinella laxa* Sheng

（图版5，2）

壳小，纺锤形。6圈，长2.94mm，宽1.34mm，轴率2.19:1。第1～2圈亚球形，其后渐变为粗纺锤形或纺锤形，包卷较宽松。旋壁较薄，4层。隔壁仅在极部微皱。旋脊显著。初房外径0.11mm。

产地层位 大冶市西畈李；上石炭统黄龙组。

大旋脊小纺锤蜓 *Fusulinella megachoma* Lin

（图版5，3）

壳小，粗纺锤形，中部宽圆，两极尖出。$5\frac{1}{2}$圈，长1.65mm，宽1.35mm，轴率1.22:1。旋壁很薄，4层。旋脊特别发育，向两侧延伸到极部，可到达壳室高度的1/2。初房外径0.06mm。

产地层位 松滋市刘家场观音岩；上石炭统黄龙组。

莫斯科小纺锤蜓 *Fusulinella mosquensis* Rauser

（图版3，9、14）

壳中等，长纺锤形，中部圆凸，侧坡微凹，两极伸长而钝尖。$5\frac{1}{2}$圈，包卷紧，长4.05mm，宽1.42～1.50mm，轴率（2.70～2.85）:1。旋壁4层，最外1圈无透明层。隔壁仅在极部微皱。旋脊发达，向两侧延伸至极部。初房外径0.14～0.21mm。

产地层位 嘉鱼县高铁岭，阳新县洛家湾；上石炭统黄龙组。

肥小纺锤蜓 *Fusulinella obesa* Sheng

（图版4，13、17）

壳小，短而粗肥的纺锤形，中部强凸，两极圆钝。$5\frac{1}{2}$圈，长2.58mm，宽1.75mm，轴率1.47:1。旋壁较厚，4层，其中内疏松层较厚。隔壁仅在极部微皱。旋脊较小而显著。初房外径0.11mm。

产地层位　宣恩县长潭河天朝湾；上石炭统黄龙组。

拟柯兰妮氏小纺锤䗴　*Fusulinella paracolaniae* Safonova

（图版4，15）

壳很小，纺锤形，中部拱，两极尖。5圈，长2.02mm，宽0.95mm，轴率2.13∶1。旋壁4层，透明层薄，内疏松层、外疏松层较厚。隔壁仅在极部褶皱。旋脊显著，向两极延伸至极部。初房外径0.10mm。

产地层位　松滋市刘家场；上石炭统黄龙组。

前薄克氏小纺锤䗴　*Fusulinella praebocki* Rauser

（图版5，14）

壳小，粗纺锤形，中部强凸，两极圆钝。7圈，长2.33mm，宽1.27mm，轴率1.84∶1。1～7圈宽度为：0.12mm、0.20mm、0.29mm、0.45mm、0.61mm、0.82mm、1.27mm。旋壁较厚，4层。隔壁仅在极部褶皱很弱。旋脊粗大，向两极延伸。通道在内圈窄而高，在外圈低而宽。初房外径0.06mm。

产地层位　宣恩县板寮李家湾；上石炭统黄龙组。

高级小纺锤䗴　*Fusulinella provecta* Sheng

（图版5，6）

壳中等，长纺锤形。$5\frac{1}{2}$圈，包卷较紧，长3.10～3.47mm，宽1.18～1.30mm，轴率（2.62～2.70）∶1。旋壁4层。隔壁仅在极部微皱。旋脊非常显著。初房外径0.07mm。

产地层位　黄石市曾家坳；上石炭统黄龙组。

高级小纺锤䗴珍贵亚种　*Fusulinella provecta regina* Chen

（图版3，11）

该亚种与*F. provecta* Sheng的主要区别为：①壳体较大；②包卷较松；③旋脊较粗大。

$5\frac{1}{2}$圈，长3.92mm，宽1.63mm，轴率2.4∶1。1～$5\frac{1}{2}$圈宽度为：0.33mm、0.49mm、0.73mm、1.06mm、1.43mm、1.63mm。初房外径0.18mm。

产地层位　咸宁市咸安区葛家湾；上石炭统黄龙组。

假薄克氏小纺锤䗴　*Fusulinella pseudobocki*（Lee et Chen）

（图版5，4、5、7）

壳中等，纺锤形，中部凸，两极伸出钝尖。6～7圈，长3.47～4.68mm，宽1.75～2.05mm，轴率（1.93～2.28）∶1。旋壁4层，其中内疏松层较厚。隔壁仅在两极微皱，但两极伸展都分褶皱较强。旋脊显著,向两极稍延伸。通道低而宽。初房外径0.08mm。

产地层位 咸宁市咸安区葛家湾、阳新县海口干鱼山、秭归县新滩等;上石炭统黄龙组。

假希瓦格䗴状小纺锤䗴 *Fusulinella pseudoschwagerinoides* Putrja

(图版3,13)

壳小,纺锤形,中部圆凸,两极尖。$4\frac{1}{2}$圈,第1圈亚球形,第2～3圈亚椭圆形,最外1圈呈纺锤形,长2.69mm,宽1.07mm,轴率2.5∶1。旋壁4层。隔壁在内圈不褶皱,仅在外圈的极部微皱。旋脊发育,向两侧延伸至极部。初房外径0.15mm。

产地层位 嘉鱼县高铁岭;上石炭统黄龙组。

拉拉小纺锤䗴 *Fusulinella rara* Shlykova

(图版5,12)

壳中等,纺锤形,中部平凸,两极伸出钝尖。$5\frac{1}{2}$圈,包卷紧密,但最外半圈放松快。壳长3.79mm,宽1.51mm,轴率2.51∶1。1～$5\frac{1}{2}$圈宽度为:0.22mm、0.33mm、0.57mm、0.88mm、1.22mm、1.51mm。旋壁较薄,4层。隔壁仅在极部褶皱呈网状构造。旋脊在内圈发达,外圈变弱。初房外径0.11mm。

产地层位 大冶市西畈李;上石炭统黄龙组。

索利加利奇氏小纺锤䗴 *Fusulinella soligalichi* Dalmatskaja

(图版5,8)

粗纺锤形,中部强凸,两极钝尖。6圈,长3.59mm,宽1.96mm,轴率1.83∶1。旋壁4层。隔壁在内圈平直,在外圈两极微皱呈简单的网状。旋脊显著。初房外径0.12mm。

产地层位 京山市杨家冲;上石炭统黄龙组。

伏芝加尔小纺锤䗴 *Fusulinella vozhgalensis* Safonova

(图版5,17)

壳中等,粗纺锤形,中部外凸,两极尖圆。6圈,长2.41mm,宽1.22mm,轴率1.96∶1。1～6圈宽度为:0.14mm、0.20mm、0.33mm、0.49mm、0.82mm、1.22mm。旋壁4层,较厚。隔壁平直。旋脊大,向两极延伸。通道低而宽。初房外径0.08mm。

产地层位 宣恩县长潭河天朝湾;上石炭统黄龙组。

伏芝加尔小纺锤蜓摩洛可夫变种

Fusulinella vozhgalensis var. *molokovensis* Rauser

（图版5，18）

壳呈长椭圆形，两极宽圆，中部较平凸。6圈，长2.72mm，宽1.13mm，轴率2.41∶1。第1圈亚球形，其后渐为长椭圆形。旋壁4层。隔壁几乎不褶皱，仅在极部简单波褶。旋脊显著。初房外径0.07mm。

产地层位 咸宁市咸安区九门袁；上石炭统黄龙组。

咸宁小纺锤蜓 *Fusulinella xianningensis* Chen

（图版4，8、9）

壳中等，粗纺锤形，中部外凸，两极尖圆。7圈，包卷紧密。长2.24～2.37mm，宽1.39～1.43mm，轴率（1.62～1.66）∶1。旋壁4层。隔壁仅在两极微皱。旋脊中等，稍向两极延伸。通道低而宽。初房外径0.05mm。

产地层位 咸宁市咸安区葛家湾；上石炭统黄龙组。

纺锤蜓亚科 Fusulininae Moeller，1878

纺锤蜓属 *Fusulina* Fischer de Waldheim，1829

壳小到大，纺锤形至长纺锤形。旋壁由致密层、透明层及内疏松层、外疏松层组成。隔壁强烈褶皱。旋脊显著，各圈都有。

分布与时代 中国、日本、苏联，北美洲；晚石炭世早期。

华美纺锤蜓 *Fusulina elegans* Rauser et BeIjaev

（图版3，18）

壳中等，纺锤形。5圈，长约3.6mm，宽约1.7mm，轴率2.12∶1。旋壁较厚，4层。隔壁全面褶皱而规则。旋脊发育，除最外1圈外，均很发育。初房外径0.20mm。

产地层位 秭归县新滩；上石炭统黄龙组。

展长纺锤蜓（新种） *Fusulina elongata* G. X. Chen（sp. nov.）

（图版6，9）

壳中等，长筒形，中部微凹凸，两极钝尖。6圈，长5.70mm，宽1.12mm，轴率5.09∶1。1～6圈宽度为：0.22mm、0.30mm、0.46mm、0.64mm、0.84mm、1.12mm。旋壁很薄而柔弱，由致密层、很薄的透明层及内疏松层组成，无外疏松层。隔壁褶皱规则，仅限于下部，褶曲切面呈半圆形。轴积发育，除第1圈及最外1圈没有，其余各圈均发达。旋脊未见，通道明显。初房外径0.14mm。

比较　新种与*Fusulina fortissima*接近，但新种的轴积不如后者发育，个体和轴率比后者都大；新种与*Fusulina quasicylindrica*也相似，但新种的轴积比后者发育，隔壁褶皱比后者规则，易区别。

产地层位　阳新县洛家湾；上石炭统黄龙组。

湖北纺锤䗴　*Fusulina hubeiensis* Chen

（图版6，10）

壳中等，长纺锤形，中部一边微凹，另一边微凸，两极尖圆。$5\frac{1}{2}$圈，长4.16mm，宽1.43mm，轴率2.91∶1。旋壁4层。隔壁褶皱低而规则。轴积十分发育。旋脊很小。初房外径0.20mm。

产地层位　阳新县洛家湾；上石炭统黄龙组。

今野氏纺锤䗴　*Fusulina konnoi*（Ozawa）

（图版6，4）

壳中等，纺锤形，中部微拱，两极钝尖。4圈，长2.86mm，宽1.35mm，轴率2.12∶1。旋壁4层。隔壁褶皱强烈。旋脊大而显著，每圈都有。通道在内圈上窄而高，在外圈上较宽。初房外径0.27mm。

产地层位　咸宁市咸安区学堂胡；上石炭统黄龙组。

矛头纺锤䗴　*Fusulina lanceolata* Lee et Chen

（图版6，8）

壳中等，轴切面呈菱形，像兵器中的矛头。中部强凸，两侧坡微凹，两极钝尖。$5\frac{1}{2}$圈，包卷紧，长3.02mm，宽1.35mm，轴率2.23 ∶ 1。旋壁4层。隔壁褶皱强烈，在侧坡上褶曲呈"⊓"形或半圆形。旋脊发达，每圈都有。初房外径0.17mm。

产地层位　大冶市西畈李；上石炭统黄龙组。

聂特夫纺锤䗴　*Fusulina nytvica* Safonova

（图版3，17）

壳较大，长纺锤形。$6\frac{1}{2}$圈，长5.20mm，宽1.84mm，轴率2.82∶1。壳圈包卷紧。旋壁4层，较厚。隔壁在第1～2圈不褶皱，自第3圈开始强烈褶皱而规则。旋脊发育，各圈都有。初房外径0.18mm。

产地层位　秭归县新滩；上石炭统黄龙组。

拟膨胀纺锤蜓菱形亚种（新亚种）

Fusulina paradistenta rhombidalis G. X. Chen（subsp. nov.）

（图版6，2、3）

壳中等，菱形，中部呈角状强凸，侧坡微内凹，两极钝尖，中轴倾斜。$6\frac{1}{2}$～8圈，包卷紧，从内圈至外圈，壳形均呈菱形。正型标本为8圈，长4.6mm，宽3.3mm，轴率1.39∶1。1～8圈宽度为：0.38mm、0.60mm、0.84mm、1.14mm、1.54mm、2.04mm、2.64mm、3.30mm。旋壁4层，其中透明层厚。隔壁褶皱强烈而规则，一般限于下半部，褶曲呈半圆形或"冂"形。旋脊显著，每圈都有。通道窄。初房外径0.22mm。

比较 新亚种与*Fusulina paradistenta*相似，但新亚种的整个壳圈均呈菱形，侧坡内凹明显，易区别。

产地层位 松滋市刘家场猫儿湾、京山市义和红星水库；上石炭统黄龙组。

巴克尔纺锤蜓 *Fusulina pakhrensis* Rauser

（图版6，12）

壳中等，近乎圆柱形，中部微凸，两极钝圆。5圈，长3.02mm，宽0.94mm，轴率3.21∶1。旋壁很薄，4层，外疏松层很薄，有时缺失。隔壁仅下半部褶皱且规则。轴积发育。旋脊小，仅见于内圈。初房外径0.21mm。

产地层位 大冶市西畈李、樟山；上石炭统黄龙组。

假今野氏纺锤蜓 *Fusulina pseudokonnoi* Sheng

（图版6，11）

壳中等，长纺锤形，中部外凸，两极钝尖。4圈，长3.92mm，宽1.33mm，轴率2.95∶1。1～4圈宽度为：0.45mm、0.69mm、0.98mm、1.33mm。旋壁4层。隔壁褶皱强烈，不是特别规则。旋脊每圈都有。初房外径0.29mm。

产地层位 阳新县白水塘；上石炭统黄龙组。

假今野氏纺锤蜓长型变种 *Fusulina pseudokonnoi* var. *longa* Sheng

（图版6，5）

这个变种在许多重要特征与假今野氏纺锤蜓相同，唯一区别是壳体向两极延展较长，轴率较大。

5圈，长4.46mm，宽1.33mm，轴率3.36∶1。初房外径0.20mm。

产地层位 大冶市西畈李、樟山；上石炭统黄龙组。

谢尔文氏纺锤䗴 *Fusulina schellwieni* (Staff)

(图版6,1)

壳中等,粗纺锤形,中部强凸,侧坡较陡,两极钝尖。$6\frac{1}{2}$圈,长4.50mm,宽2.23mm,轴率2.02∶1。1～$6\frac{1}{2}$圈宽度为:0.30mm、0.52mm、0.78mm、1.12mm、1.52mm、2.23mm。旋壁4层。隔壁褶皱强烈而规则。旋脊显著,各圈均有。初房外径0.16mm。

产地层位 京山市杨家冲;上石炭统黄龙组。

德日进氏纺锤䗴 *Fusulina teilhardi* (Lee)

(图版3,16)

壳中等,纺锤形,中部圆凸,两极尖锐。6圈,长4.4mm,宽1.84mm,轴率2.39∶1。1～6圈宽度为:0.30mm、0.50mm、0.74mm、1.04mm、1.44mm、1.84mm。旋壁较厚,4层。隔壁褶皱强烈。旋脊各圈都有。初房外径0.20mm。

产地层位 咸宁市咸安区学堂胡;上石炭统黄龙组。

乌利丁纺锤䗴 *Fusulina ulitinensis* Rauser

(图版6,6、7)

壳体较大,中轴微弯曲,一边拱,另一边平或内凹。5圈,长5.2mm,宽1.4mm,轴率3.71∶1。1～5圈宽度为:0.50mm、0.66mm、0.82mm、1.24mm、1.40mm。旋壁较薄,3层,未见外疏松层。隔壁褶皱强烈。轴积发育,沿轴分布。旋脊小,见于内圈。初房外径0.28mm。

这个种的重要特点:最外1圈在一极延展放宽,另一极钝尖,互不对称;它的旋脊小;隔壁褶皱强烈。

产地层位 阳新县白水塘、大冶市樟山;上石炭统黄龙组。

杨铨䗴属 *Yangchienia* Lee,1933

壳粗纺锤形。第2～3圈的中轴与外圈中轴正交。旋壁由致密层及透明层组成。隔壁平直。旋脊大而宽,延伸到两极。

分布与时代 亚洲、欧洲、北美洲;二叠纪阳新世。

广西杨铨䗴 *Yangchienia kwangsiensis* Chen

(图版6,13)

壳小,菱形。中部强凸,侧坡微内凹,两极钝尖。约8圈,长2.15mm,宽1.20mm,轴率1.79∶1。可能第1～2圈未切到。旋壁薄,2层。隔壁平直。旋脊发达,向两极延伸至极部。

产地层位 京山市义和红星水库;阳新统茅口组。

李氏蜓属 *Leella* Dunbar et Skinner，1937

壳小至中等，粗纺锤形，两极钝圆。最初几圈为凸镜形或盘形，中轴短于其壳宽；以后中轴逐渐增长，壳渐为亚球形再到粗纺锤形。旋壁由致密层、透明层、内疏松层、外疏松层，共4层组成。隔壁平直。旋脊发育。通道低。

分布与时代　中国、美国；二叠纪。

湖北李氏蜓（新种） *Leella hubeiensis* G. X. Chen（sp. nov.）

（图版16，12～14）

壳中等，厚纺锤形，两极钝圆。正型标本，8圈，长3.15mm，宽2.10mm，轴率1.5∶1。1～8圈宽度依次为：0.117mm、0.209mm、0.334mm、0.508mm、0.752mm、1.169mm、1.619mm、2.100mm。第1～3圈为凸镜形，第4圈为盘形，以后壳圈渐为亚球形至厚纺锤形。旋壁因硅化，在中部壳圈上可辨认出致密层、假蜂巢层及内疏松层、外疏松层，在最外壳圈只见假蜂巢层及内疏松层（假蜂巢层，实为透明层经次生矿化成针孔状结构，很像蜂巢层）。1～8圈的旋壁厚度为：0.0084mm、0.0154mm、0.0167mm、0.0334mm、0.0418mm、0.0585mm、0.0752mm、0.0668mm。隔壁平直。旋脊不清楚。初房小，外径0.033mm。其中图版16第12幅图在最外3圈的侧坡可见清晰小而圆的列孔。

比较　到目前止，*Leella*属，已描述发表者仅有4个种，美国有*Leella bellula* Dunbar et Skinner，*Leella fragilis* Dunbar et Skinner；我国有*Leella kueichowensis* Gung，*Leella zhonghuaensis* Yang。而当前新种以壳体大，壳圈多，包卷紧，有列孔，易区别。

产地层位　赤壁市；乐平统龙潭组。

希瓦格蜓科 Schwagerinidae Dunbar et Henbest，1930

希瓦格蜓亚科 Schwagerininae Dunbar et Henbest，1930

始拟纺锤蜓属 *Eoparafusulina* Coogan，1960

壳小到大，亚圆柱形到亚球形。壳圈包卷紧匀。旋壁由致密层及蜂巢层组成。隔壁全面褶皱，褶曲高度约为壳室的1/2。具窄的串孔。除最外1圈外可见旋脊或假旋脊。通道单一。初房小。

我国上石炭统中过去定*Hemifusulina*属的一些种，均改归于此属中。

分布与时代　亚洲、北美洲；晚石炭世早期。

美丽始拟纺锤蜓 *Eoparafusulina bella*（Chen）

（图版6，16）

壳小，亚椭圆形，中部微拱，两极圆钝。5圈，长2.24mm，宽1.20mm，轴率1.86∶1。1～5圈宽度为：0.24mm、0.38mm、0.56mm、0.82mm、1.20mm。旋壁2层。隔壁仅下半部褶皱而规则。旋脊显。初房外径0.16mm。

产地层位 大冶市、黄石螺丝壳山；船山统船山组。

优美始拟纺锤䗴 *Eoparafusulina bellula* Skinner et Wilde

（图版6，15）

壳中等，圆柱形。$6\frac{1}{2}$圈，长3.8mm，宽1.6mm，轴率2.25∶1。旋壁2层，第1～2圈极薄，其后各圈厚度渐增较快。隔壁仅下半部褶皱。旋脊小，各圈均有。初房外径0.17mm。

产地层位 嘉鱼县高铁岭；船山统船山组。

较短始拟纺锤䗴 *Eoparafusulina contracta*（Schellwien）

（图版7，2）

壳中等，近长椭圆形。8圈，长4.20mm，宽2.06mm，轴率2.04∶1。旋壁2层，第1～3圈较薄，包卷较紧，在其后各圈放宽较快，旋壁也增厚。隔壁褶皱规则，褶曲呈半圆形。旋脊见于内圈，外圈不显或无。初房外径0.22mm。

产地层位 大冶市金山店杜家湾；船山统船山组。

椭圆始拟纺锤䗴 *Eoparafusulina elliptica*（Lee）

（图版6，14）

壳中等，椭圆形。7圈，长3.2mm，宽1.86mm，轴率1.72∶1。内部壳圈包卷较紧，最外2圈较松。旋壁2层。隔壁仅下半部褶曲而较规则。旋脊小。初房外径0.16mm。

产地层位 武汉市江夏区乌龙泉；船山统船山组。

卵形始拟纺锤䗴 *Eoparafusulina ovata*（Chang）

（图版7，3）

壳中等，卵圆形。8圈，长3.20mm，宽1.96mm，轴率1.63∶1。壳圈包卷内紧外松，各圈几乎都呈卵圆形。旋壁2层，内圈很薄，向外逐渐增厚，隔壁仅限于下半部褶皱，呈半圆形。旋脊小，除最外2圈无，其他各圈均可见到。通道低而较窄。初房外径0.15mm。

产地层位 阳新县海口干鱼山；船山统船山组。

似卵形始拟纺锤䗴 *Eoparafusulina ovatoides* Liu et al.

（图版6，17）

这个种与卵形始拟纺锤䗴相似，其差别为：①壳体呈纺锤形，轴率较大；②壳圈包卷较松；③隔壁褶皱不甚规则。

$5\frac{1}{2}$圈，长3.40mm，宽1.68mm，轴率2.02∶1。初房外径0.22mm。

产地层位　嘉鱼县高铁岭；船山统船山组。

拟盛氏始拟纺锤䗴　*Eoparafusulina parashengi*（Chang）

（图版6，18）

壳中等，纺锤形或近椭圆形。$7\frac{1}{2}$圈，长4.20mm，宽1.73mm，轴率2.41∶1。壳圈包卷内紧外松。旋壁2层。隔壁褶皱强烈而规则，褶曲呈半圆形，外圈中部隔壁平直。旋脊见于内圈。初房外径0.14mm。

产地层位　松滋市刘家场；船山统船山组。

希瓦格䗴属　*Schwagerina* Moeller，1877

壳体呈纺锤形至亚筒形。第1～2圈包卷紧，其后各圈包卷较松，旋壁厚度逐渐增厚。旋壁由致密层及蜂巢层2层组成。隔壁各圈全面强烈褶皱。旋脊缺失或仅见于第1圈内。

分布与时代　亚洲、欧洲、美洲；二叠纪。

栖霞希瓦格䗴　*Schwagerina chihsiaensis*（Lee）

（图版7，5、6）

壳中等，长纺锤形。$6\frac{1}{2}$圈，长4.82mm，宽1.64mm，轴率2.94∶1。第1～3圈包卷紧，而后渐松。旋壁2层。隔壁褶皱强烈而规则。旋脊小，见于第1～3圈。初房外径0.16mm。

产地层位　阳新县洛家湾，荆门市野鸡池；阳新统栖霞组上部。

紧卷希瓦格䗴　*Schwagerina compacta*（White）

（图版7，13）

壳大，纺锤形。9圈，长8.3mm，宽3.1mm，轴率2.68∶1。旋壁较薄，2层。隔壁褶皱强烈较规则。旋脊小，仅见于第1～2圈。轴积发育，几乎分布于初房两侧的所有壳圈。初房外径0.16mm。

产地层位　赤壁市；阳新统茅口组。

燕麦希瓦格䗴　*Schwagerina granum-avenae*（Roemer）

（图版10，4）

壳巨大，亚圆柱形。8～9圈，长12.13～12.66mm，宽2.93～3.34mm，轴率3.84∶1。蜂巢层细。隔壁仅下半部褶皱，很整齐。轴积无或很弱。无旋脊。初房外径0.20mm。

产地层位　武穴市田家镇；阳新统茅口组。

湖北希瓦格蜓 *Schwagerina hupehensis* Chen

（图版10，8）

壳中等至大，亚圆柱形，中轴有时微弯。7圈，第3～4圈包卷紧，其后较松，长7.65mm，宽1.89～2.51mm，轴率（4.0～4.4）：1。蜂巢层很细，隔壁在内圈近乎平直，中期壳圈仅下半部褶皱，外圈上褶曲窄而高，排列规则。轴积弱，见于第2～3圈。初房外径0.23mm。

产地层位 武穴市田家镇、通山县新桥；阳新统茅口组。

京山希瓦格蜓（新种） *Schwagerina jingshanensis* G. X. Chen（sp. nov.）

（图版9，4～6）

壳大至巨大，火腿形，中部强凸但较平直而呈短圆柱状，侧坡靠极一侧较明显地内凹，使两极伸长呈柄把状。9～11$\frac{1}{2}$圈，包卷较均匀，长9.60～10.64mm，宽3.66～5.01mm，轴率（2.12～2.62）：1。旋壁较厚，2层，第1～5圈0.06mm，外圈0.08mm。隔壁在壳圈中部褶皱较弱而不规则，在侧坡和极部褶皱较窄而高可以到达壳室顶部，排列规则。轴积发育，沿通道两侧分布，非沿轴分布。通道单一，呈喇叭形。初房外径0.26～0.30mm。

京山希瓦格蜓（新种）测量数据如表1所示。

表1 京山希瓦格蜓（新种）测量数据 (mm)

登记号	长度	宽度	轴率	初房外径	各圈宽度											
					1	2	3	4	5	6	7	8	9	10	11	11$\frac{1}{2}$
Fu434（正型）	10.64	5.01	2.12：1	0.26	0.36	0.48	0.64	0.90	1.24	1.70	2.24	2.76	3.48	4.16	4.96	5.01
Fu435（副型）	9.60	3.66	2.62：1	0.30	0.36	0.52	0.72	0.94	1.30	1.76	2.44	3.10	3.66	—		
Fu436（副型）	10.00	3.90	2.56：1	0.26	0.36	0.46	0.58	0.78	1.06	1.52	2.12	2.84	3.54	3.9（9$\frac{1}{2}$）		

比较 乍看新种与*Schwagerina tienchiaensis* Chen相似，但新种除有大壳体外，还以其特殊的壳形，两极呈柄把状，以及其发育的轴积并非沿轴分布，而堆积于通道两侧等可以区别。新种与*Chusenella globularis*（Gubler）的外形也有些相似，但前者第1～3圈的隔壁褶皱，两极也较钝圆，易区别。

产地层位 京山市义和红星水库；阳新统茅口组中上部。

京山希瓦格蜓筵状亚种（新亚种）

Schwagerina jingshanensis fusiformis G. X. Chen（subsp. nov.）

（图版9，7）

新亚种的特征基本与京山希瓦格蜓（新种）相似，仅其壳体形态呈筵状，轴率较大，侧坡缓斜等，可区别。

10圈，长10.66mm，宽3.82mm，轴率2.79∶1。1～10圈宽度为：0.42mm、0.58mm、0.70mm、0.92mm、1.22mm、1.64mm、2.12mm、2.70mm、3.30mm、3.82mm。初房外径0.36mm。

产地层位 咸丰县白岩落水洞红石畈；阳新统茅口组。

广济希瓦格䗴 *Schwagerina kwangchiensis* Chen

（图版7，1）

壳大，亚圆柱形，两极圆。6～7圈，长6.15mm，宽1.54mm，轴率4∶1。第1～3圈包卷很紧。旋壁薄。隔壁褶皱强烈而规则。旋脊很小，只见于内圈。轴积沿内圈轴分布。初房外径0.28mm。

产地层位 武穴市田家镇；阳新统茅口组。

长极希瓦格䗴 *Schwagerina longitermina* Chen

（图版9，8）

这个种的特征是：壳大，包卷较松，两极伸展较长，侧坡微内凹，隔壁褶皱较强烈而规则等。

5圈，长8.7mm，宽2.91mm，轴率2.98∶1。初房外径0.38mm。

产地层位 阳新县三溪口贾家山；阳新统茅口组。

细长极希瓦格䗴 *Schwagerina longipertica* Chen

（图版19，7）

壳中等，亚圆柱形，中部微拱，两极细长。7圈，均紧密包卷，长5.47mm，宽1.42mm，轴率3.7∶1。旋壁薄，2层，蜂巢层较粗。隔壁褶皱强烈而规则，褶曲窄而高。旋脊无。初房外径0.14mm。

产地层位 武穴市田家镇、松滋市丁家冲；阳新统茅口组。

多孔希瓦格䗴 *Schwagerina multialveola* Chen

（图版7，12）

壳大，纺锤形。7圈，长4.48mm，宽1.96mm，轴率2.29∶1。第1～2圈包卷较紧，其后渐松。隔壁在第1～2圈中部不甚褶皱，其后各圈强烈，最外$1\frac{1}{2}$圈不是特别规则。初房外径0.23mm。

产地层位 通山县新桥；阳新统茅口组下部。

多孔希瓦格蜓长形亚种 *Schwagerina multialveola longa* Ding

（图版7，8）

壳大，纺锤形，中部强凸，两极略圆。9圈，长8.73mm，宽3.66mm，轴率2.38∶1。第1～3圈包卷较紧，两极锐尖，其余各圈放松，两极渐呈钝圆。隔壁在第1～2圈中部平直，侧坡微褶皱。第3～5圈隔壁仅下部规则褶皱，其余各圈褶皱强烈。轴积沿中轴堆积。初房外径约0.21mm。

产地层位 秭归县新滩；阳新统茅口组。

狭褶希瓦格蜓 *Schwagerina pactiruga* Chen

（图版9，2）

本种最主要特征：隔壁褶皱狭而高，相当规则；有显著的轴积。

8圈，长8.52mm，宽2.78mm，轴率3.07∶1。初房外径0.11mm。

产地层位 松滋市刘家场猫儿山、赤壁市；阳新统茅口组。

拟云南希瓦格蜓 *Schwagerina parayunnanensis* Sheng

（图版9，3）

壳中等，纺锤形，中部微凸，两极钝尖。7圈，长5.02mm，宽2.20mm，轴率2.28∶1。旋壁2层。隔壁褶皱较宽圆。初房外径0.12mm。

产地层位 荆门市野鸡池；阳新统茅口组。

拟俞氏希瓦格蜓（新种）

Schwagerina parayüi G. X. Chen（sp. nov.）

（图版19，6）

壳大，亚圆柱形，中部近乎平直或略有微拱，两极钝圆。$6\frac{1}{2}$圈，包卷紧而均匀，长6.02mm，宽1.61mm，轴率3.75∶1。1～$6\frac{1}{2}$圈宽度为：0.36mm、0.48mm、0.66mm、0.86mm、1.18mm、1.46mm、1.61mm。旋壁薄，由致密层及细蜂巢层组成。隔壁全面褶皱，但多于下部褶皱，很规则，褶曲呈半圆形或三角形。轴积轻，仅限于第3～4圈沿轴呈线状分布。旋脊无。初房外径0.22mm。

比较 新种与*Schwagerina yüi* Chen最相似，但后者中部较凸，两极较尖，隔壁褶皱没有新种强烈，同时无轴积，可以区别。

产地层位 咸丰县白岩落水洞红石畈；阳新统茅口组。

平定希瓦格蜓　*Schwagerina pingdingensis* Sheng

（图版9,10）

壳中等，纺锤形。8圈，长5.58mm，宽2.84mm，轴率1.96∶1。第1～3$\frac{1}{2}$圈包卷较紧，隔壁褶皱仅限于下半部，褶曲面呈半圆形或三角形；其后包卷较松，隔壁褶皱强烈，不甚规则。轴积不很发育，分布于通道两侧。旋脊小，见于第1～3$\frac{1}{2}$圈。初房外径0.22mm。

产地层位　京山市义和；阳新统茅口组。

假紧卷希瓦格蜓　*Schwagerina pseudocompacta* Sheng

（图版7,11）

这个种的主要特征：壳体较小；旋壁和隔壁都较粗糙；轴积发育；隔壁褶皱较规则等。

5$\frac{1}{2}$～7圈，长3.60～4.00mm，宽1.30～1.62mm，轴率（2.5～2.8）∶1。初房较大，外径0.20～0.26mm。

产地层位　钟祥市胡集乌龟寨、荆门市野鸡池、崇阳县路口白霓桥；阳新统茅口组。

似短极希瓦格蜓　*Schwagerina quasibrevipola* Sheng

（图版9,9）

壳中等，纺锤形，中部凸，两极钝尖。9$\frac{1}{2}$圈，长7.20mm，宽3.42mm，轴率2.1∶1。第1～3圈包卷紧，在其侧坡及极部隔壁褶皱，其后各圈渐松，隔壁褶皱强烈，不甚规则，褶曲窄而高，有时到达壳室顶部，排列较松。旋脊小，见于第1～3圈。轴积轻，仅限于第1圈。初房外径0.16mm。

产地层位　赤壁市；阳新统茅口组。

似狭褶希瓦格蜓　*Schwagerina quasipactiruga* Yang

（图版9,1）

壳大，纺锤形，中部宽拱，两极钝尖。8圈，长6.8mm，宽2.3mm，轴率2.96∶1。第1～3$\frac{1}{2}$圈包卷稍紧，外圈稍松。隔壁在内圈侧坡有微弱褶曲，在外圈强烈而规则。轴积限于内6圈，旋脊见于第1～3圈。初房外径0.10mm。

产地层位　宣恩县箭川河凉风洞；阳新统茅口组。

似平常希瓦格蜓　*Schwagerina quasivulgaris* Lin

（图版7,7）

壳中等，纺锤形。6$\frac{1}{2}$圈，长3.01mm，宽2.01mm，轴率1.5∶1。旋壁在内圈较薄、在外圈较厚。隔壁在内圈全面强烈褶皱，在外圈中部不甚褶皱，褶曲低而宽圆，排列颇规则。旋脊见于第1～3$\frac{1}{2}$圈。初房外径0.30mm。

产地层位 大冶市金山店杜家湾；船山统船山组。

似秭归希瓦格蜓（新种）

Schwagerina quasiziguiensis G. X. Chen（sp. nov.）

（图版8,7）

壳巨大，长纺锤形，中部微凸，侧坡平缓，两极细而钝圆。9$\frac{1}{2}$圈，长11.92mm，宽2.64mm，轴率4.51∶1。第1～3圈包卷紧，其后各圈渐松，1～9$\frac{1}{2}$圈宽度为：0.21mm、0.28mm、0.36mm、0.50mm、0.74mm、0.98mm、1.34mm、1.81mm、2.34mm、2.64mm。旋壁在第1～3圈很薄，其后各圈渐增厚，由致密层及蜂巢层组成。隔壁全面强烈褶皱，褶曲甚窄而高，多数可到达壳室顶部，呈柱状排列非常整齐。在最外2～3圈中部隔壁平直。轴积轻，于第1～5圈沿轴呈线状分布。初房外径0.14mm。

比较 新种与*Schwagerina ziguiensis* Ding相似，但新种的中轴坚直，隔壁褶皱较强烈、规则，外部壳圈中部隔壁平直，易区别。新种与*Schwagerina longipertica* Chen也有些相似。但后者壳体较小，轴率也小，两极较细长，隔壁褶皱也不如当前新种强烈规则，可以区别。

产地层位 阳新县大王殿；阳新统茅口组。

锯状希瓦格蜓 *Schwagerina serrata* Ding

（图版8,8）

壳巨大，长纺锤形。10圈，长13.54mm，宽3.14mm，轴率4.3∶1。第1～3圈包卷紧，以后壳圈渐放松。隔壁在第1～5圈，仅下半部出现宽圆褶皱，其余壳圈大部分呈尖形褶皱，排列整齐，状如锯齿。旋脊仅见于第1～3圈。轴积显，限于第1～6圈。通道低。初房外径0.23mm。

产地层位 秭归县新滩；阳新统茅口组。

锯状希瓦格蜓紧密亚种

Schwagerina serrata comferta Ding

（图版8,6）

这个亚种与锯状希瓦格蜓的特征基本相似，仅其壳圈包卷较紧密；隔壁褶曲较弱；壳体和轴率均较小。

9圈，长10.69mm，宽2.67mm，轴率4∶1。初房外径0.19mm。

产地层位 秭归县新滩；阳新统茅口组。

健美希瓦格蜓 *Schwagerina solila* Skinner

（图版7,4）

壳大，纺锤形，中部凸，两极尖。$7\frac{1}{2}$圈，长5.8mm，宽2.02mm，轴率2.87∶1。第1～2圈包卷紧，其后渐放宽，最外1圈放宽快。旋壁2层，蜂巢层粗而厚。隔壁褶皱强烈而规则，褶曲于内圈多呈半圆形，最外1圈可以到达壳室顶部。轴积发育，沿轴分布。旋脊无。初房外径0.24mm。

产地层位 荆门县野鸡池；阳新统茅口组。

田家希瓦格蜓 *Schwagerina tienchiaensis* Chen

（图版7,10）

壳中等，纺锤形，中部凸，两极尖。$6\frac{1}{2}$圈，均包卷紧，第1～3圈更紧，长5.86mm，宽2.50mm，轴率2.33∶1。旋壁薄而柔，2层，蜂巢层较粗。隔壁褶皱在内圈简单而不规则，外圈强烈紧密。旋脊无。轴积发育。初房外径0.26mm。

产地层位 武穴市田家镇；阳新统茅口组。

咸丰希瓦格蜓（新种）

Schwagerina xianfengensis G. X. Chen（sp. nov.）

（图版8,3～5）

壳大，亚圆柱形，中部微凸，两极圆钝。7圈，包卷较均匀。正型标本壳长10.01mm，宽2.76mm，轴率3.63∶1。旋壁2层，蜂巢层较厚。隔壁褶皱强烈而十分规则，褶曲断面高而宽圆。旋脊见于第1～2圈。轴积发育于第1～5圈。初房外径0.18～0.30mm。测量数据如表2所示。

表2 咸丰希瓦格蜓（新种）测量数据 (mm)

登记号	长度	宽度	轴率	初房外径	各圈宽度						
					1	2	3	4	5	6	7
Fu427（正型）	10.01	2.76	3.63∶1	0.21	0.38	0.56	0.82	1.18	1.52	2.16	2.76
Fu428（副型）	8.60	2.56	3.36∶1	0.18	0.26	0.40	0.52	0.72	1.10	1.70	2.56
Fu429（副型）	9.30	2.70	3.45∶1	0.32	0.42	0.54	0.76	1.10	1.54	2.18	2.70

比较 壳圈包卷较均匀，隔壁褶皱十分规则等，新种与*Schwagerina serrata comferta* Ding相似，但后者壳体为长纺锤形，其轴率大得多，同时外部壳圈的隔壁褶皱也较窄而高，易区别。从壳体形态、初房较大等特点看，新种与*Monodiexodina sichuanensis* Yang亦相似，

但后者的隔壁褶曲低，轴积也较发育，容易区别。

产地层位 咸丰县龙家坡、崇阳县路口白霓桥；阳新统茅口组。

俞氏希瓦格䗴 *Schwagerina yüi* Chen

（图版10，9）

该种的主要特点：①壳体长，两极尖；②壳圈少，包卷紧，旋壁薄；③隔壁褶皱低而宽圆，十分规则。

5圈，长5.38mm，宽1.15mm，轴率4.6∶1。初房外径0.2mm。

产地层位 武穴市；阳新统茅口组。

秭归希瓦格䗴 *Schwagerina ziguiensis* Ding

（图版8，9）

壳巨大，长纺锤形，中部微凸，两极锐尖。9圈，长12.35mm，宽2.02mm，轴率6.15∶1。第1～3圈包卷紧呈纺锤形，其后壳圈包卷稍松呈长纺锤形。隔壁在第1～3圈仅侧坡有轻微褶皱，中部壳圈的隔壁下半部有褶皱，强烈而规则，外部壳圈呈全面褶皱。旋脊见于第1～2圈。通道低。轴积轻微，限于第1～5圈。初房外径0.19mm。

产地层位 秭归县新滩；阳新统茅口组。

单通道䗴属 *Monodiexodina* Sosnna，1956

壳很大，长柱形或亚柱形，两极圆钝。包卷均匀。旋壁由致密层及细蜂巢层组成。隔壁褶皱形式特殊，上部平直，仅下半部褶皱，褶曲呈半圆形，其高度约为壳室的1/2。旋脊很不发育或缺失。通道单一。轴积发育。

分布与时代 中国、巴基斯坦、日本，北美洲；二叠纪阳新世。

大王殿单通道䗴（新种）

Monodiexodina dawangdianensis G. X. Chen（sp. nov.）

（图版8，1、2）

壳很大，长柱形，中轴微弯，一边近平直，另一边微凸，两极圆钝。正型标本，7圈，包卷均匀，长15.32mm，宽2.60mm，轴率5.89∶1。1～7圈宽度为：0.46mm、0.68mm、0.98mm、1.34mm、1.82mm、2.28mm、2.60mm。旋壁由致密层及细蜂巢层组成。隔壁褶皱限于下半部，强烈而颇规则，褶曲低而呈半圆形；上半部仍平直，在外圈中央部分的隔壁近于平直。具明显的单通道。轴积发育。旋脊无。初房外径0.42mm。

比较 新种与 *Monodiexodina wanneri* var. *sutschanica*（Dutkevich）相似，但新种的壳圈较多，反而壳体较小，轴率也小，轴积也不如后者发育。

产地层位 阳新县大王殿；阳新统栖霞组顶部。

朱森䗴属 *Chusenella* Hsü, 1942, emend. Chen, 1956

壳体为纺锤形至粗纺锤形。第1～3圈包卷很紧,隔壁平直;外部壳圈包卷较松或放松较快,隔壁全面强烈褶皱。旋壁2层,由致密层及蜂巢层组成。旋脊仅见于内壳圈。轴积有或无。

分布与时代 亚洲、北美洲;二叠纪阳新世。

角状朱森䗴(新种)

Chusenella angulata G. X. Chen(sp. nov.)

(图版11,8～10)

壳小,长纺锤形,中部一边凸,另一边平直或微凹,两极尖锐呈角状,中轴略弯。6圈,正型标本壳长2.84mm,宽0.96mm,轴率2.96∶1。第1～3圈包卷紧,隔壁平直,具旋脊,其后壳圈逐渐放松,隔壁全面强烈褶皱,颇规则,褶曲宽圆形。轴积显,限于内圈,沿轴线堆积。初房外径0.11mm。测量数据如表3所示。

表3 角状朱森䗴(新种)测量数据 (mm)

登记号	壳长	壳宽	轴率	初房外径	各壳圈宽度					
					1	2	3	4	5	6
Fu457(副型)	3.95	1.27	3.11∶1	0.13	0.16	0.25	0.36	0.48	0.80	1.27
Fu458(副型)	2.40	0.75	3.20∶1	0.11	0.16	0.22	0.29	0.38	0.51	0.75
Fu459(正型)	2.84	0.96	2.96∶1	0.11	0.18	0.23	0.32	0.43	0.61	0.96

比较 新种以一边凸,一边平直或微凹,两极呈尖角状,易区别本属已知种;新种的壳形与 *Schwagerina bicornis*(Chen)极相似,但新种第1～3圈包卷紧而隔壁不褶皱,同时新种的壳圈比后者多,但壳体却小得多,易区别。

产地层位 崇阳县路口白霓桥、京山市石龙水库、松滋市刘家场;阳新统茅口组。

锥筒形朱森䗴 *Chusenella conicocylindrica* Chen

(图版10,10)

壳中等到大,锥柱形,中部为短圆柱形,两极钝尖为圆锥形。11圈,长7.6mm,宽3.0mm,轴率2.53∶1。1～11圈宽度为:0.14mm、0.20mm、0.26mm、0.35mm、0.43mm、0.64mm、0.92mm、1.30mm、1.92mm、2.56mm、3.00mm。第1～4圈包卷紧,隔壁平直。外圈较松,隔壁强烈褶皱,规则。旋脊见于内圈。初房外径0.11mm。

产地层位 宣恩县川箭河凉风洞;阳新统茅口组。

锥筒形朱森蜓大型亚种

Chusenella conicocylindrica magna Ding

（图版10,11）

这个亚种与锥筒形朱森蜓之区别为其个体特大，壳圈多。

11圈，长10.09mm，宽3.76mm，轴率2.68:1。初房外径0.16mm。

产地层位 秭归县新滩；阳新统茅口组。

陶维利氏朱森蜓 *Chusenella douvillei*（Colani）

（图版11,2）

壳大，粗纺锤形，两极钝圆。12圈，长7.22mm，宽3.96mm，轴率1.82:1。第1～5圈包卷紧，旋壁薄，第1～3圈隔壁平直；第5圈以后壳圈较宽松，隔壁强烈褶皱，褶曲窄而高，顶端常连接不透明，规则。旋壁2层。旋脊见于内圈。轴积分布于通道两侧。初房外径0.09mm。

产地层位 崇阳县路口白霓桥、赤壁市、武穴市田家镇、京山市义和红星水库等；阳新统茅口组。

似球形朱森蜓 *Chusenella globularis*（Gubler）

（图版11,3、4）

壳大而粗短，中部强圆凸，侧坡微凹，两极尖出。10圈，长8.58mm，宽4.52mm，轴率1.89:1。第1～3圈包卷紧，隔壁平直，具小旋脊；其后各圈包卷渐松，隔壁强烈褶皱，褶曲窄而高，顶端常连接，不透明。轴积限于第1圈。初房外径0.14mm。

产地层位 阳新县太子庙，钟祥市胡集乌龟寨；阳新统茅口组。

华蓥朱森蜓 *Chusenella huayunica* Chang

（图版11,14）

壳大，长纺锤形。$9\frac{1}{2}$圈，长7.22mm，宽2.38mm，轴率3.03:1。第1～3圈包卷紧，隔壁平直，旋脊小而清楚，其后各圈松卷，隔壁强烈褶皱，窄而高。轴积限于第1～6圈。初房外径0.13mm。

产地层位 崇阳县路口白霓桥、赤壁市、兴山县大峡口；阳新统茅口组。

宜山朱森蜓 *Chusenella ishanensis*（Hsü）

（图版11,13）

长纺锤形，中部一边较凸，另一边较平，两极钝尖。9圈，长8.01mm，宽3.34mm，轴率2.4:1。第1～4圈包卷紧，隔壁平直；其后放松，隔壁强烈褶皱，褶曲窄而高。旋脊小，见于第1圈。轴积弱，限于第1圈。初房外径0.22mm。

产地层位 京山市石龙水库；阳新统茅口组。

韩伯斯特朱森蜓

Chusenella henbesti (Chen)(=*Schwagerina henbesti* Chen)

（图版7,9）

壳大，亚圆柱形。8圈，长8.28mm，宽2.42mm，轴率3.4∶1。第1～4圈纺锤形，包卷特别紧密且隔壁平直。第5～8圈亚圆柱形，包卷较松，隔壁强烈褶皱，不甚规则。旋脊见于第1～4圈。通道低而窄。轴积窄而不规则。初房外径0.08mm。

产地层位 武穴市田家镇；阳新统茅口组。

平坦朱森蜓 *Chusenella plana* Ding

（图版10,7）

壳巨大，长纺锤形，中部平坦，两极伸展较长。11圈，长11.52mm，宽3.74mm，轴率3.08∶1。第1～3圈包卷紧，隔壁平直，具旋脊；其后壳圈逐渐放松，隔壁有全面而规则褶皱。轴积沿中轴分布，限于内圈。初房外径0.18mm。

产地层位 秭归县新滩；阳新统茅口组。

希瓦格蜓状朱森蜓 *Chusenella schwagerinaeformis* Sheng

（图版9,11）

纺锤形。$8\frac{1}{2}$圈，长5.12mm，宽2.12mm，轴率2.41∶1。第1～3圈包卷紧，隔壁平直；其后各圈渐松，隔壁褶皱强烈，窄而高，颇规则。旋脊小，见于内圈。轴积较发育，于通道两侧沿轴分布。初房外径0.12mm。

产地层位 崇阳县路口白霓桥，通山县新桥；阳新统茅口组。

石阡朱森蜓 *Chusenella shiqianensis* Liu et al.

（图版11,11、12）

这个种与*Chusenella douvillei* (Colani)相似，仅各壳圈包卷较紧；壳体中部较平直；轴积特别发育，几乎布满通道两侧所有壳圈。

$10\frac{1}{2}$圈，长6.36mm，宽3.70mm，轴率1.72∶1。1～$10\frac{1}{2}$圈宽度为：0.16mm、0.24mm、0.33mm、0.45mm、0.66mm、1.06mm、1.53mm、1.96mm、2.64mm、3.32mm、3.70mm。初房外径0.10mm。

产地层位 阳新县贾家山、太子庙；阳新统茅口组。

中华朱森蜓　*Chusenella sinensis* Sheng

（图版11，1、5）

纺锤形。$7\frac{1}{2}$～9圈，长4.80～6.02mm，宽2.22～2.72mm，轴率（2.16～2.31）:1。第1～3圈包卷紧，隔壁平直，具旋脊；其后各圈渐松，隔壁强烈褶皱，褶曲宽圆而规则。轴积沿轴分布于内圈。初房外径0.10～0.16mm。

产地层位　崇阳县路口白霓桥、松滋市曲尺河黄莲崖；阳新统茅口组。

田氏朱森蜓　*Chusenella tieni*（Chen）

（图版11，6、7）

壳小到中等，长纺锤形。6～$6\frac{1}{2}$圈，长2.08～2.26mm，宽0.82～0.90mm，轴率（2.31～2.62）:1。第1～3圈包卷紧，隔壁平直，旋脊小；其后各圈逐渐放松，隔壁起宽圆褶皱。旋壁较薄，由致密层及较细蜂巢层组成。轴积较显著。初房外径0.08～0.12mm。

产地层位　阳新县荻田、大冶市金山店；阳新统茅口组。

武穴朱森蜓　*Chusenella wuhsüehensis*（Chen）

（图版10，5、6）

壳中等到大，纺锤形，两极钝圆。7～$7\frac{1}{2}$圈，长6.5mm，宽1.43mm，轴率2.5∶1。第1～4圈包卷紧，隔壁平直，具旋脊；其后各圈包卷松，隔壁起低而宽的褶皱，最外1圈的隔壁褶曲可到达壳室顶部。轴积沿轴分布窄而长。初房外径0.08mm。

产地层位　武穴市田家镇、崇阳市路口白霓桥；阳新统茅口组。

香溪朱森蜓　*Chusenella xiangxiensis* Ding

（图版10，1、2）

壳中等，长纺锤形，中部凸，两极锐尖。$7\frac{1}{2}$圈，长5.09mm，宽1.82mm，轴率2.8∶1。第1～3圈包卷紧，隔壁平直，具旋脊；其后壳圈渐松，隔壁褶皱低而弱，最外1圈隔壁褶皱才强烈而高。轴积呈很窄的线状分布。初房外径0.12mm。

产地层位　秭归县新滩、京山市石龙水库；阳新统茅口组。

假纺锤蜓属　*Pseudofusulina* Dunbar et Skinner，1931

似*Schwagerina*属，但有以下几点可区别：①各壳圈包卷较松；②壳圈旋壁都较厚；③大都有膜壁存在；④初房一般较大。

分布与时代　亚洲、欧洲、北美洲；晚石炭世晚期—二叠纪阳新世。

克腊夫特氏假纺锤蜓 *Pseudofusulina kraffti*（Schellwien）

（图版19，10、11）

壳大，短圆筒形，中部微拱，两极钝圆。7圈，长7.6mm，宽2.2mm，轴率3.45∶1。第1圈亚球形，其后各圈为短圆筒形。旋壁2层。隔壁褶皱宽圆，不规则。轴积发育。初房外径0.32mm。

产地层位 大冶市金山店笔架山；阳新统栖霞组。

拟纺锤蜓属 *Parafusulina* Dunbar et Skinner，1931

壳大到特大，长纺锤形至近圆筒形。旋壁2层，由致密层及蜂巢层组成。隔壁褶皱强烈而规则。在弦切面上串孔非常发育。旋脊无。通道单一。初房大。

分布与时代 中国、日本、苏联，北美洲等；二叠纪阳新世。

湖北拟纺锤蜓 *Parafusulina hubeiensis* Chen

（图版12，8、9）

壳巨大，长纺锤形。5～5$\frac{1}{2}$圈，包卷较松。长10.64～14.28mm，宽2.89～2.98mm，轴率（3.66～4.79）：1。旋壁厚，2层。隔壁褶皱强烈而规则。旋脊无。初房外径0.65～0.81mm。

产地层位 阳新县洛家湾；阳新统栖霞组上部。

东方希瓦格蜓属 *Orientoschwagerina* A. M. -Maclay，1955

壳中等，粗纺锤形至亚球形。第2～3圈包卷很紧，隔壁不褶皱，具旋脊。第3圈以后逐渐放宽到骤然放宽，隔壁褶皱强烈而不甚规则或不规则，褶曲一般宽松。旋壁由致密层及蜂巢层组成。通道单一。初房圆。

这个属与*Chusenella*属一样，第2～3圈包卷紧，隔壁不褶皱，但其后各圈包卷形式及隔壁特征不一样，可以区别。如单从形态和壳圈包卷形式看，该属与*Rugososchwagerina*和*Paraschwagerina*相似，但后两属的隔壁在第1～3圈均有强烈褶皱。

分布与时代 中国、苏联；二叠纪阳新世。

似球形东方希瓦格蜓（新种）
Orientoschwagerina sphaeroidea G. X. Chen（sp. nov.）

（图版12，1、2）

壳中等，近球形，中部强凸，两极钝尖。8～8$\frac{1}{2}$圈，长4.24～4.38mm，宽2.62～2.86mm，轴率（1.48～1.73）:1。第1～3圈包卷很紧，隔壁平直；第4～5圈渐宽，隔壁仅在侧坡及极部微弱地限于下半部褶曲，为长纺锤形；第6圈开始各圈骤然放宽，隔壁有强烈褶皱，规则而宽松，由长纺锤形渐变为近球形。旋壁较厚，由致密层及较粗、较厚的蜂巢层组成；旋壁在第2圈的厚度为0.018mm，第4圈厚度为0.031mm，第6圈厚度为0.062mm，第7～8圈厚度为0.074mm。旋脊小，仅见于第1～3圈。轴积很轻微或无，仅见于第1～5圈的轴线上。初房外径0.08～0.12mm。测量数据如表4所示。

表4 似球形东方希瓦格䗴（新种）测量数据 (mm)

登记号	壳长	壳宽	轴率	初房外径	各壳圈宽度								
					1	2	3	4	5	6	7	8	$8\frac{1}{2}$
Fu465（正型）	4.24	2.86	1.48：1	0.08	0.12	0.24	0.34	0.52	0.82	1.26	1.88	2.58	2.86
Fu466（副型）	4.36	2.62	1.67：1	0.12	0.20	0.28	0.42	0.60	0.98	1.46	2.08	2.62	—

比较 新种与*Orientoschwagerina abichi*比较接近，但新种的旋壁厚，壳圈包卷较紧，隔壁褶皱较强而较规则等易区别。

产地层位 钟祥市胡集乌龟寨；阳新统茅口组。

远安东方希瓦格䗴（新种）

Orientoschwagerina yuananensis G. X. Chen（sp. nov.）

（图版12,3～5）

壳中等，粗纺锤形，中部凸，两极钝圆。正型标本，$7\frac{1}{2}$圈，长5.01mm，宽3.02mm，轴率1.65∶1。1～$7\frac{1}{2}$圈宽度为：0.18mm、0.24mm、0.36mm、0.54mm、0.96mm、1.70mm、2.60mm、3.02mm。第1～3圈包卷很紧，隔壁平直，具小旋脊。第4圈开始骤然放松，隔壁褶皱强烈，不甚规则，褶曲高而宽。轴积弱，仅分布于第1～3圈的轴部。初房外径0.12mm。

比较 新种壳体较小，隔壁褶皱强烈不甚规则，接近*Orientoschwagerina nanna* Sheng，但二者壳形差别较大，后者为椭圆形，轴率也大，可以区别。

产地层位 远安县杨家堂；阳新统茅口组。

球形东方希瓦格䗴（新种）

Orientoschwagerina globosa G. X. Chen（sp. nov.）

（图版12,6）

壳大，近球形，中部非常强的圆凸，两极钝圆。9圈，长7.10mm，宽6.04mm，轴率1.18∶1。1～9圈宽度为：0.16mm、0.28mm、0.40mm、0.66mm、1.54mm、2.84mm、4.14mm、5.28mm、6.04mm。第1～4圈包卷特别紧密，呈长纺锤形。然后突然放松很快，为近圆球形。隔壁在第1～3圈平直，从第4圈开始隔壁明显褶皱，但仅限于隔壁的底部或下半部，即相当于壳室高度的1/4～1/2，褶曲低而宽圆。膜壁发育，外部壳圈几乎都有。旋脊很小，轴积不发育，均只见于第1～3圈。初房外径0.08mm。

比较 新种以球状的壳体，发育的膜壁，隔壁底、下部较规则的褶皱等，易区别本属已知种。如从壳形和包卷性质看，新种与美国的*Paraschwagerina kansasensis*（Beede et kniker）很相似，但后者所有壳圈的隔壁都褶皱，可以区别。

产地层位 钟祥市胡集乌龟寨；阳新统茅口组。

阿贝希东方希瓦格蜓 *Orientoschwagerina abichi* A. M. –Maclay

（图版12，7）

壳大，近椭圆形。$8\frac{1}{2}$圈，长7.10mm，宽4.58mm，轴率1.55∶1。1～8圈宽度为：0.22mm、0.34mm、0.48mm、0.96mm、1.62mm、2.76mm、4.06mm、4.58mm。第1～$4\frac{1}{2}$圈包卷特紧，其后骤然放松。隔壁在第1～$3\frac{1}{2}$圈平直，在第4圈开始强烈而不甚规则的宽松褶皱或弱的褶皱。初房外径0.10mm。

产地层位 钟祥市杨榨洪沟岭；阳新统茅口组。

皱希瓦格蜓属 *Rugososchwagerina* A. M. –Maclay，1959

壳中等到大，粗纺锤形，第1～3圈包卷紧而呈长纺锤形；外部壳圈骤然放松，呈粗纺锤形或亚球形。旋壁由致密层及蜂巢层组成，在内圈有时起波状褶皱。隔壁在第3～4圈强烈而紧密褶皱，在外部壳圈中隔壁褶皱较弱，褶曲较宽圆。旋脊小，仅见于内圈。

分布与时代 亚洲、北美洲；二叠纪阳新世。

中华皱希瓦格蜓

Rugososchwagerina chinensis（Chen）（=*Schwagerina chinensis* Chen，1956）

（图版10，3）

壳巨大，粗纺锤形，中部凸起很高，两极微尖而圆。7圈，长10.44mm，宽4.30mm，第5圈轴率2∶1。最外1圈未保存全无法计算。第1～2圈包卷紧，隔壁褶皱强烈而紧密，其后壳圈骤然放松，隔壁褶皱也弱而松，褶曲宽圆。旋壁很薄，蜂巢层很细。轴积很不发育，仅见于第1～2圈。旋脊无。初房外径0.37mm。

产地层位 武穴市田家镇；阳新统茅口组。

福斯特氏皱希瓦格蜓

Rugososchwagerina fosteri（Thompson et Miller）

（图版13，9、10）

壳中等到大，粗纺锤形或近椭圆形，中部宽凸，两极钝圆或钝尖。$7\frac{1}{2}$圈，长6.5～7.6mm，宽4.9～5.3mm，轴率（1.36～1.43）∶1。第1～3圈包卷很紧，呈纺锤形，隔壁褶皱窄而密，轴积淡。第4圈开始骤然放松，逐渐为粗纺锤形至椭圆形。旋壁较厚，2层，其中蜂巢层较粗。

初房外径0.28～0.32mm。

产地层位 钟祥市胡集乌龟寨；阳新统茅口组。

短极皱希瓦格蜓

Rugososchwagerina brevibola（Chen）（=*Paraschwagerina brevibola* Chen，1974）

（图版13，7、8）

壳中等，粗纺锤形。6圈，长4.6mm，宽2.7mm，轴率1.7∶1。1～6圈宽度为：0.28mm、0.34mm、0.56mm、0.92mm、1.62mm、2.7mm。第1～3圈包卷紧，呈细长形，隔壁褶皱紧密；第4圈起骤然放松，隔壁褶皱宽而高，不规则。轴积限于第1～3圈。初房外径0.22mm。

产地层位 钟祥市胡集乌龟寨、咸丰县龙家坡；阳新统茅口组。

似福斯特氏皱希瓦格蜓 *Rugososchwagerina quasifosteri*（Sheng）

（图版13，4）

壳大，粗纺锤形。7圈，长7.30mm，宽4.96mm。轴率1.47∶1。第1～3圈包卷紧，呈纺锤形，隔壁褶皱紧密，具轴积；第4圈开始骤然放松，隔壁褶皱宽圆，不甚规则。初房外径0.30mm。

产地层位 钟祥市胡集乌龟寨；阳新统茅口组。

盛氏皱希瓦格蜓 *Rugososchwagerina shengi*（Chen）

（图版13，6）

这个种的最主要特点是：①无轴积；②隔壁褶皱较弱。

7圈，长7.30mm，宽4.01mm，轴率1.82∶1。1～7圈宽度为：0.22mm、0.40mm、0.64mm、1.10mm、1.90mm、3.06mm、4.01mm。初房外径0.18mm。

产地层位 钟祥市胡集乌龟寨；阳新统茅口组。

中国皱希瓦格蜓 *Rugososchwagerina zhongguoensis* Chen

（图版13，5）

壳大，粗纺锤形，中部强凸，两极尖出。$7\frac{1}{2}$圈，长8.65mm，宽4.61mm，轴率1.88∶1。第1～3圈紧卷，壳形细长，隔壁褶皱低而规则，第4圈起骤然放宽，隔壁褶皱较弱而宽松，不甚规则。旋壁薄，2层。初房外径0.20mm。

产地层位 咸丰县龙家坡、来凤县上和寨；阳新统茅口组。

中国皱希瓦格蜓较小亚种（新亚种）

Rugososchwagerina zhongguoensis minor G. X. Chen（subsp. nov.）

（图版13，1～3）

正型标本，5圈，长5.8mm，宽2.46mm，轴率2.36∶1。1～5圈宽度为：0.32mm、0.46mm、

0.76mm、1.52mm、2.46mm。第1～2$\frac{1}{2}$圈包卷很紧，呈长纺锤形，隔壁限于下半部褶皱；其后的壳圈骤然放宽，仍为纺锤形，隔壁褶皱全面强烈，较宽而规则，褶曲有时可到达壳室顶部。轴积限于第1～2$\frac{1}{2}$圈内。旋脊无。初房外径0.22mm。

比较 新亚种与中国皱希瓦格蜓基本相似，其主要区别：①壳体小得多，轴率较大；②外圈的隔壁褶皱较强烈而规则，褶曲高而窄；③第1～3圈包卷不如后者紧密细长。

产地层位 大冶市歪尖脑、阳新县大王殿、京山市石龙水库；阳新统茅口组。

皱希瓦格蜓（未定种） *Rugososchwagerina* sp.

（图版19，1）

原为《峡东地区震旦纪至二叠纪地层古生物》第284页的*Paraschwagerina* sp.（该书图版100中的第6幅图）。

原作者认为是受挤的标本，未能给具体种名，也未做详细描述，这次我们根据图影，认为是*Rugososchwagerina*的一种，它可能代表一种壳壁、隔壁都比较柔软的种。有待收集更多资料研究。

产地层位 秭归县新滩；阳新统茅口组。

费伯克蜓超科 Verbeekinidea Staff et Wedekind，1910

史塔夫蜓科 Staffellidae A. M. –Maclay，1949

史塔夫蜓亚科 Staffellinae A. M. –Maclay，1949

南京蜓属 *Nankinella* Lee，1933

壳中等，凸镜形。旋壁一般都矿化，不甚清楚，似由致密层及透明层，或很不发育的内疏松层、外疏松层组成。隔壁平直。旋脊小而发育。通道单一。

分布与时代 亚洲、欧洲、北美洲等；二叠纪。

优美南京蜓（新种） *Nankinella bellus* G. X. Chen（sp. nov.）

（图版16，1～3）

壳小，凸镜形，中部强凸，壳缘从内圈向外圈均很锋锐，各圈脐部明显微凹，第1圈外旋，其后各圈均为内旋。正型标本，7圈，长0.76mm，宽1.55mm，轴率0.49∶1。1～7圈宽度为：0.175mm、0.275mm、0.425mm、0.600mm、0.850mm、1.175mm、1.550mm。旋壁因硅化全为丝状构造（或称假蜂巢状构造），内疏松层线状，断续存在。隔壁平直。旋脊窄而较高，向两侧延伸，也已硅化呈丝状构造。初房有显球型外径0.14mm，微球型外径0.04mm。

比较 新种与*Nankinella rarivoluta* Wang，Sheng et Zhang有些相像，但新种自内至外壳圈的壳缘都非常尖锐，各圈脐部也明显微凹，易区别。

产地层位 赤壁市；乐平统龙潭组。

鄂南南京蜓(新种) *Nankinella enanensis* G. X. Chen(sp. nov.)

(图版16,6)

壳中等,扁圆形,壳缘钝尖,两极微凸。正型标本,9圈,包卷较均匀,长1.52mm,宽3.04mm,轴率约0.5∶1。各个壳缘都呈钝尖。1～9圈宽度为:0.31mm、0.51mm、0.72mm、0.91mm、1.32mm、1.72mm、2.21mm、2.72mm、3.04mm。旋壁较厚,似由致密层及丝状构造层(可能透明层经硅化后成丝状构造,似蜂巢层)组成。隔壁平直。旋脊不发育,通道不清楚(可能硅化所致)。初房外径0.14mm。

比较 新种在壳体形状,轴率上与*Nankinella laguensis* Wang, Sheng et Zhang有些相似,但前者的壳圈较少,壳缘较钝圆,二者好区别;新种与*Nankinella inflata*(Colani)也有些相像,但新种壳缘较钝圆,脐部不如后者膨凸,轴率小,可以区别。

产地层位 赤壁市;乐平统龙潭组。

似球形南京蜓 *Nankinella globularis* Chen

(图版15,8)

壳中等,橄榄形,壳缘锐尖,脐部强凸,侧坡微凹。$11\frac{1}{2}$圈,长3.14mm,宽4.47mm,轴率0.7∶1。旋壁因矿化不清,仅在外圈有时可辨认出,大致由致密层、透明层和内疏松层组成。隔壁微向前倾,不褶皱。旋脊窄而高,位于壳缘两侧坡,呈齿状。通道呈新月形。初房外径0.06mm。

产地层位 秭归县新滩;阳新统栖霞组。

湖北南京蜓 *Nankinella hupehensis* Yao

(图版14,4)

该种以短而厚的凸镜形,脐部强凸等为主要特征。

10圈,长3.71mm,宽4.08mm,轴率0.99∶1。第5～6圈包卷很紧,壳缘尖锐,脐部微凹;外部数圈脐部强凸,壳缘变钝圆。

产地层位 远安县;阳新统栖霞组下部。

乐山南京蜓 *Nankinella leshanica* Chang et Wang

(图版15,9)

壳中等,凸镜形,壳缘钝尖。6圈,长2.0mm,宽2.7mm,轴率0.74∶1。旋壁2层,透明显。隔壁平直。初房外径0.52mm。

产地层位 建始县煤炭垭;阳新统栖霞组。

圆形南京蜓 *Nankinella orbicularia* Lee

（图版14,3）

壳凸镜形，壳缘锋锐，脐部凸。显球形有7～8圈，微球形有15圈。平均长4.3mm，宽6.2mm。旋壁在中部相当厚，向两极逐渐变薄。旋脊每圈都有。通道呈新月形。初房外径：显球型外径0.36mm，微球型外径0.18mm。

产地层位 秭归县米仓峡；阳新统栖霞组。

伸长南京蜓（新种） *Nankinella prolixa* G. X. Chen（sp. nov.）

（图版16,7、8）

壳小，凸镜形，中部宽凸，壳缘伸长锐尖。正型标本，6圈，长0.7mm，宽1.6mm，轴率0.43∶1。1～6圈宽度为：0.075mm、0.175mm、0.375mm、0.625mm、1.075mm、1.600mm。旋壁均为硅化呈丝状构造（假蜂巢层），有的壳壁可分辨出较深黑色线状物（致密层）、较亮较厚（透明层）及内暗色（内疏松层）。隔壁平直。旋脊发育而窄，向两极伸延。通道单一似三角形。初房外径约0.04mm。

比较 新种内外壳缘均尖锐，与*Nankinella bellus* G. X. Chen（sp. nov.）有些相像，但前者的最外2圈特别尖，因此壳缘显得特别伸长，轴率也小，可以区别。

产地层位 赤壁市；乐平统龙潭组。

蒲圻南京蜓（新种） *Nankinella puqiensis* G. X. Chen（sp. nov.）

（图版16,4、5）

壳小，厚凸镜形，壳缘钝圆，脐部圆凸。正型标本，6圈，长0.775mm，宽1.225mm，轴率0.63∶1。1～6圈宽度为：0.175mm、0.325mm、0.475mm、0.650mm、0.925mm、1.225mm。旋壁均硅化为丝状构造（假蜂巢层），分辨不出其层次。旋脊小，通道呈新月形。初房外径0.06mm。

比较 新种与*Nankinella hupehensis* Yao有些相似，但当前新种包卷较松，壳体小得多，轴率也小，易区别。

产地层位 赤壁市；乐平统龙潭组。

似盘形南京蜓 *Nankinella quasidiscoides* Ding

（图版14,5）

壳中等，盘形，中轴短，脐部微凹。显球型$7\frac{1}{2}$圈，第1～$1\frac{1}{2}$圈圆形，第2～6圈凸镜形，最外2圈盘形，长1.19mm，宽3.14mm，轴率0.38∶1。微球型个体最外部壳圈呈盘形，其余壳圈为凸镜形，壳缘尖锐。10圈，长1.58mm，宽3.42mm，轴率0.46∶1。旋壁由致密层、透明层及内疏松层组成。旋脊小，微向侧坡伸延。通道呈肾状或新月形。初房外径：显球型0.35mm，微球型0.04mm。

产地层位 秭归县新滩；阳新统栖霞组。

似盘形南京蜓肥壮亚种 *Nankinella quasidiscoides obesa* Ding

（图版14,6）

本亚种与*Nankinella quasidiscoides* Ding的特征基本相同，仅其壳圈较少，壳圈包卷较松。

6圈，长1.35mm，宽3.38mm，轴率0.4∶1。初房外径0.40mm。

产地层位 秭归县新滩；阳新统栖霞组。

球蜓属 *Sphaerulina* Lee，1933

壳小到中等，近乎球形。脐部微隆。最初几圈凸镜形，其后为亚球形或球形，旋壁常因矿化而不清楚，一般认为由致密层及细蜂巢层（或丝状构造层和内疏松层的合并层）组成。隔壁平直。旋脊小。

分布与时代 中国南部；二叠纪。

厚壁球蜓 *Sphaerulina crassispira* Lee

（图版15,10）

壳小，球形，第1～5圈呈凸镜形，壳缘钝圆，第6圈以后渐变为亚球形至球形。第9圈长、宽约相等，为1.8mm。旋壁因矿化而不清楚。隔壁平直。旋脊不甚清楚。初房外径约0.04mm。

产地层位 大冶市西畈李；阳新统栖霞组。

湖北球蜓（新种）*Sphaerulina hubeiensis* G. X. Chen（sp. nov.）

（图版14,9、10）

壳中等到大，球形。第1～8圈呈凸镜形，壳缘圆。其后渐变为亚球形至球形，脐部圆凸。正型标本，$13\frac{1}{2}$圈，包卷很紧而规则，长5.26mm，宽5.32mm，轴率约1∶1。1～$13\frac{1}{2}$圈宽度为：0.22mm、0.40mm、0.60mm、0.88mm、1.22mm、1.54mm、1.90mm、2.30mm、2.78mm、3.34mm、3.88mm、4.50mm、5.10mm、5.32mm。旋壁由致密层、较厚的透明层（在高倍显微镜下呈丝状构造）及薄的内疏松层，共3层组成。隔壁不褶皱。旋脊小，在第1～8圈明显，而在第9～$13\frac{1}{2}$圈不明显或无。通道呈新月形。初房小，外径0.10mm。

比较 新种以壳圈多、包卷紧、脐部圆凸等可以区别本属已知种。但新种与*Sphaerulina weiningensis* Liu，Xiao et Dong较为相似，但后者壳圈少，包卷较松，仅第3～4圈呈凸镜形，旋壁较厚，易区别。

产地层位 大冶市西畈李；阳新统栖霞组中部。

乐山球䗴 *Sphaerulina leshanica* Chang et Wang

（图版15，11）

壳中等，近球形。$8\frac{1}{2}$圈，第1～4圈凸镜形，其后各圈渐变为亚球形，壳圈也明显放宽。壳长1.80mm，宽2.24mm，轴率0.81∶1。旋壁因矿化而不清楚。旋脊小，在第1～6圈可见。初房外径约0.04mm。

产地层位 阳新县太子庙；阳新统栖霞组。

豆䗴属 *Pisolina* Lee，1933

壳中等，圆球形。旋壁常因矿化而不清楚，一般认为由致密层及不清楚的细蜂巢层（或丝状构造层和内疏松层的合并层）组成。隔壁平直。旋脊小。初房特别大，这是本属的重要特点。

分布与时代 中国南部；二叠纪，湖北主要为二叠纪阳新世早期。

巨初房豆䗴 *Pisolina excessa* Lee

（图版14，11、12）

壳中等，圆球形。脐部微凹。一般7～12圈，长宽约相等，为3.3～4.2mm。其中图版14中的第12个图为大冶地区标本，有8圈，长2.82mm，宽2.98mm，轴率近1∶1。1～8圈宽度为：0.32mm、0.80mm、1.04mm、1.38mm、1.60mm、2.08mm、2.60mm、2.98mm，旋壁构造颇清楚，由致密层、透明层（在高倍显微镜下，显示为丝状构造）及内疏松层3层组成。初房外径0.32mm。

产地层位 秭归县米仓峡；大冶市西畈李；阳新统栖霞组中部。

亚球形豆䗴 *Pisolina subspherica* Sheng

（图版14，13）

壳中等，亚球形，脐部内凹。9圈，长3.10mm，宽3.67mm，轴率0.81∶1。旋壁由致密层及细蜂巢层组成。旋脊小，每圈都有。通道呈新月形。初房外径0.36mm。

产地层位 兴山县大峡口；阳新统栖霞组。

亚球形豆䗴近椭圆形亚种 *Pisolina subspherica ellipsoidalis* Ding

（图版14，14）

本亚种与*Pisolina subspherica*的主要区别为轴率较小，初房较大，其他相同，很可能同种。

$8\frac{1}{2}$圈，长2.54mm，宽3.48mm，轴率0.73∶1。初房特大，其外径约0.62mm。

产地层位 秭归县新滩；阳新统栖霞组。

中间型豆蜓？ *Pisolina*? *intermedia* Ding

（图版15,1）

壳中等，似盘形，脐部微凹。7～8圈，长2.35mm，宽3.68mm，轴率0.64∶1。内部壳圈呈亚球形或椭圆形，外部壳圈近似盘形。由于矿化，旋壁只能局部辨认出由致密层、透明层及内疏松层组成。旋脊小。初房呈不规则圆形，其外径约0.58mm。

产地层位 秭归县新滩；阳新统栖霞组。

简单豆蜓 *Pisolina simplex* Yang

（图版15,16）

壳小，亚球形，侧坡平拱，壳缘钝圆。6～8圈，长2.1～2.75mm，宽2.85～3.2mm，轴率（0.74～0.86）∶1。旋壁很薄，由致密层及极细蜂巢层组成。隔壁平直。旋脊很小。初房特大，其外径0.75mm。

产地层位 阳新县太子庙；阳新统栖霞组。

史塔夫筳状豆蜓 *Pisolina staffellinoides* Chang et Wang

（图版15,15）

壳扁圆形，中轴短，脐部内凹。6圈，长1.52mm，宽2.58mm，轴率0.59∶1。旋壁很薄，似由2层组成。旋脊小不甚清楚。初房外径0.42mm。

产地层位 阳新县洛家湾；阳新统栖霞组。

阎王沟豆蜓 *Pisolina yanwanggouensis* Chang et Wang

（图版15,17）

壳中等，亚球形，脐部微凹。7圈，长2.4mm，宽3.7mm，轴率0.65∶1。旋壁由致密层及纤细蜂巢层组成。旋脊小。初房外径0.62mm。

产地层位 钟祥市胡集乌龟寨；阳新统栖霞组。

史塔夫蜓属 *Staffella* Ozawa，1925

壳小至中等，亚球形，脐部内凹明显。壳缘宽圆。中轴常短于壳宽。旋壁常矿化不清，大致由致密层、透明层及内疏松层、外疏松层共4层组成。隔壁平直。旋脊小。

分布与时代 亚洲及北美洲；晚石炭世—二叠纪。

布雷姆氏史塔夫蜓（相似种） *Staffella* cf. *breimeri* Van Ginkel

（图版15,13）

壳小，近球形，脐微凹。5圈，长0.98mm，宽1.14mm，轴率0.86∶1。第1～2圈呈盘形，其后渐为亚球形。旋壁较厚,由致密层、透明层、内疏松层、外疏松层共4层组成。隔壁平直。旋脊小,见于第1～3圈。初房外径0.10mm。

产地层位 崇阳县三山石屋塘;上石炭统黄龙组。

达格马史塔夫䗴 *Staffella dagmarae* Dutkevich

(图版15,4)

壳小,近椭圆形,壳缘的一边宽圆,另一边窄圆,脐部微凹。4圈,长0.29mm,宽0.45mm,轴率0.64∶1。第1～2圈呈盘形,外旋。旋壁4层。旋脊不甚清楚,但每圈都有。初房外径0.04mm。

产地层位 荆门市野鸡池;阳新统栖霞组。

巨史塔夫䗴 *Staffella gigantea* Chang et Wang

(图版15,12)

壳大,亚球形。11圈,长约3.07mm,宽约3.53mm,轴率0.87∶1。每圈都近亚球形,包卷紧密(这是本种重要识别点)。旋壁由致密层及透明层组成。

产地层位 秭归县新滩;阳新统栖霞组。

假似球形史塔夫䗴 *Staffella pseudosphaeroidea* Dutkevich

(图版15,5、6)

壳中等,亚球形,壳缘圆,脐部微凹。第1圈外旋,第2圈盘旋,其后渐变亚球形。6圈,长1.16～1.33mm,宽1.64～1.75mm,轴率(0.71～0.76)∶1。旋壁由致密层、透明层及内疏松层3层组成。隔壁平直。旋脊小,见于第1～2圈。初房外径0.08mm。

产地层位 阳新县太子庙、松滋市好汉坡;船山统船山组。

腊巴纳尔史塔夫䗴 *Staffella rabanalensis* Van Ginnkel

(图版15,7)

壳小,亚球形,壳缘圆,脐部圆凸。$4\frac{1}{2}$圈,第1圈盘形,其后内旋渐为亚球形。长0.75mm,宽0.87mm,轴率0.85∶1。旋壁由3层组成,但透明层不甚清楚。旋脊小见于内圈。初房外径0.08mm。

产地层位 阳新县太子庙;船山统船山组。

有脐史塔夫䗴(相似种) *Staffella* cf. *umbilicaris* Sheng et Sun

(图版15,14)

壳中等,盘形,壳缘宽圆,脐部凹。约10圈,内圈因矿化而不甚清楚,似呈凸镜形,最外3～4圈呈盘形。长1.38mm,宽2.16mm,轴率0.63∶1。其盘形及内凹的脐部,是本种的重要识别特征，但矿化较深，轴率稍大而用“cf.”区别。

产地层位 崇阳县三山石屋塘；阳新统栖霞组。

卡勒蜓属 *Kahlerina* Kochansky –Devidė et Ramovš，1955

壳小，近球形，第1～2圈凸镜形。旋壁由致密层及其下一未分化之层（具细孔构造，似蜂巢层）组成。隔壁平直。旋脊极小。

分布与时代 中国、苏联；二叠纪阳新世晚期。

微小卡勒蜓 *Kahlerina minima* Sheng

（图版14，8）

壳很小，亚球形。4圈，长0.64mm，宽0.78mm，轴率0.82∶1。旋壁2层，第1～$1\frac{1}{2}$圈很薄，其后壳圈厚度较厚。初房外径0.09mm。

产地层位 大冶市滴水岩；阳新统茅口组。

中华卡勒蜓 *Kahlerina sinensis* Sheng

（图版14，7）

壳中等，近球形。5圈，长1.46mm，宽1.69mm，轴率0.86∶1。旋壁2层，第1～$1\frac{1}{2}$圈很薄，其后很厚。初房外径0.12mm。

这个种与微小卡勒簇的区别就是：前者大而后者小，其他都相同。

产地层位 钟祥市杨榨洪沟岭；阳新统茅口组。

湖北蜓属 *Hubeiella* Lin，1977

壳微小，呈不规则的盘形，壳缘宽圆，脐部内凹。壳圈呈内卷虫式包卷，外部壳圈有时外旋。最外半圈放松较快，向外延伸。旋壁由致密层及纤细蜂巢层组成。隔壁平直。旋脊小，见于内部壳圈，通道呈新月形。

分布与时代 湖北、湖南；二叠纪阳新世晚期。

简单湖北蜓 *Hubeiella simplex* Lin

（图版14，15～17）

壳微小，呈不规则的盘形，壳缘圆，脐部内凹。4～5圈，长0.50mm，宽2.15mm，轴率0.23∶1。内部壳圈呈内卷虫式包卷，外部壳圈放松较快，有时外旋。最外半圈放宽很大，向外扩张。壳体可分：微球型壳圈较多，内圈包卷较紧；显球型各圈包卷较松，旋壁内圈较薄，外圈较厚，由致密层及纤细蜂巢层组成。隔壁平直。旋脊小，见于内部壳圈。初房外径：微球型0.04mm，显球型0.12～0.18mm。

产地层位 利川市齐岳山；阳新统茅口组顶部。

费伯克䗴科 Verbeekinidae Staff et Wedekind, 1910

费伯克䗴亚科 Verbeekininae Staff et Wedekind, 1910

陈氏䗴属 *Chenia* Sheng, 1963

凸镜形，中轴很短。旋壁大都矿化，大致由致密层、纤细蜂巢层及其下一较不致密之层共3层组成。隔壁平直。旋脊不大，每圈都有。外部壳圈的侧坡上具不连续的拟旋脊。

分布与时代 中国南部；二叠纪乐平世早期。

弱陈氏䗴 *Chenia exilis* Chen

（图版18，10、11）

壳小，凸镜形，中部尖圆，脐部微凹。8～8$\frac{1}{2}$圈，第1～3圈壳缘尖锐，其后壳圈渐变尖圆。长1.14～1.99mm，宽1.79～2.73mm，轴率（0.76～0.63）∶1。旋壁3层。自第4圈起至最外第2圈具少数拟旋脊。有列孔。旋脊小，每圈都有。通道低而宽。初房外径0.08mm。

产地层位 崇阳县路口板坑桥；乐平统吴家坪组。

车站陈氏䗴（新种） *Chenia chezhanensis* G. X. Chen（sp. nov.）

（图版16，9～11）

壳小，凸镜形，壳缘窄尖，脐部微凹。8～10圈，长1.30～1.60mm，宽2.76～3.20mm，轴率（0.46～0.52）∶1。正型标本，9$\frac{1}{2}$圈，长1.30mm，宽2.84mm，轴率0.46∶11。1～9$\frac{1}{2}$圈宽度为：0.21mm、0.36mm、0.51mm、0.68mm、0.92mm、1.28mm、1.72mm、2.22mm、2.64mm、2.84mm，旋壁矿化（硅化），全为丝状构造层（假蜂巢层），但有时可见到由致密层、纤细蜂巢层和不发育的内疏松层3层组成。隔壁平直。旋脊小，不甚清楚，有时见于壳缘尖端两侧，往往也硅化成丝状构造。在最外3圈上有不连续的拟旋脊和列孔，均呈圆形。初房外径0.08mm。

比较 新种在形态上与*Chenia kwangsiensis* Sheng很相似，但新种各圈壳缘不如后者尖锐，尤其第1～3圈，拟旋脊不如后者发育，轴率也较小，可以区别。新种与*Chenia yishanensis* Lin也有些相似，但后者的壳缘不如新种尖锐，壳圈包卷也较紧，脐部内凹也较明显，好区别。

产地层位 赤壁市；乐平统龙潭组。

费伯克䗴属 *Verbeekina* Staff, 1909

球形或亚球形。旋壁由致密层、细蜂巢层及内疏松层共3层组成。拟旋脊在内疏松层、外部壳圈发育，而在中部壳圈很少而不连续。有列孔。初房小。

分布与时代 亚洲、欧洲、北美洲；二叠纪阳新世。

葛利普氏费伯克蜓　*Verbeekina grabaui* Thompson et Foster

（图版17，3、6）

壳中等，圆球形。$12\frac{1}{2}$～$15\frac{1}{2}$圈，其中较标准者，长4.62mm，宽4.82mm，轴率0.96∶1。旋壁3层。隔壁平直。拟旋脊不发育，一般见于内壳圈、外壳圈，不连续。列孔少。初房外径0.02～0.04mm。

产地层位　大冶市西畈李、咸丰县白岩落水洞、崇阳县三山石屋塘、阳新县龙港洛家湾；阳新统栖霞组顶部、茅口组底部。

哈姆氏费伯克蜓　*Verbeekina heimi* Thompson et Foster

（图版17，8）

壳大，球形。13圈，长6.30mm，宽6.28mm，轴率1∶1。旋壁在内圈薄，向外圈逐渐增厚，由致密层、细蜂巢层及内疏松层组成。拟旋脊见于第1～2圈及最外4圈，不连续。列孔少，一般为椭圆形。初房外径0.02mm。

产地层位　远安县杨家堂、京山市义和红星水库、秭归县新滩、阳新县大王殿等；阳新统茅口组。

球形费伯克蜓　*Verbeekina sphaera* Ozawa

（图版17，4、5）

壳小，球形。10～$11\frac{1}{2}$圈，包卷较紧，长2.77～3.47mm，宽2.63～3.52mm，轴率（1.06～0.99）∶1。1～$11\frac{1}{2}$圈宽度为：0.12mm、0.19mm、0.26mm、0.39mm、0.56mm、0.87mm、1.28mm、1.67mm、2.13mm、2.57mm、3.07mm、3.52mm。旋壁3层。隔壁平直。拟旋脊断续出现，低而宽。列孔椭圆。初房外径0.020～0.035mm。

产地层位　阳新县龙港洛家湾；阳新统栖霞组顶部。

薄壁费伯克蜓　*Verbeekina tenuispira* Sheng

（图版17，7）

壳体大，壳圈多，旋壁极薄。$15\frac{1}{2}$圈，长7.8mm，宽7.4mm，轴率1.05∶1。旋壁厚度：1～4圈为0.015 40mm、5～7圈为0.008 09mm、8圈为0.011 55mm、9～10圈为0.015 40mm、11～$15\frac{1}{2}$圈约为0.026 95mm。初房外径0.015mm。

产地层位　京山市石龙水库；阳新统茅口组。

费伯克氏费伯克蜓　*Verbeekina verbeeki*（Geinitz）

（图版17,1、2）

本种与哈姆氏费伯克蜓的区别在于壳圈包卷较紧而较规则；拟旋脊较发育。

一般$16\frac{1}{2}$～$17\frac{1}{2}$圈，长6.62～7.22mm，宽6.91～7.72mm，轴率（0.93～0.96）:1。初房细小，其外经0.02mm。

产地层位　钟祥市胡集乌龟寨、京山市柳门口、秭归县新滩等；阳新统茅口组。

新滩费伯克蜓　*Verbeekina xintanensis* Ding

（图版18,1）

从一般特征和外形来看，与哈姆氏费伯克蜓非常相似或为同种。仅是壳体大，壳圈多。16圈，长约9.78mm，宽约9.72mm，轴率约1:1。初房外径0.02mm。

产地层位　秭归县新滩、京山市石龙水库；阳新统茅口组。

拟费伯克蜓属　*Paraverbeekina* A. M. -Maclay，1955

本属和*Verbeekina*的唯一区别是轴率较大，即中轴明显大于壳宽。

分布与时代　亚洲、欧洲；二叠纪阳新世晚期。

赤板拟费伯克蜓　*Paraverbeekina akasakensis*（Thompson）

（图版18,2）

壳中等，椭圆形。13圈，长6.3mm，宽5mm，轴率1.26:1。旋壁薄，3层。隔壁平直。拟旋脊不发育，见于外部壳圈，不连续。列孔少，椭圆形。初房极小。

产地层位　武穴市田家镇荞麦塘；阳新统茅口组。

有脐拟费伯克蜓　*Paraverbeekina umbilicata* Sheng

（图版18,4）

壳中等，椭圆形，脐部内凹。12圈，长7.97mm，宽5.92mm，轴率1.34:1。第1～3圈盘形，其中轴与外部壳圈中轴斜交。旋壁较厚，3层。拟旋脊小，不发育，呈三角形。初房不清楚。

产地层位　大冶市英山林场；阳新统茅口组。

米斯蜓亚科　Misellininae A. M. -Maclay，1958，emend. Sheng，1963

米斯蜓属　*Misellina* Schenck et Thompson，1940

壳小，粗纺锤形至椭圆形。第2～3圈脐部明显。旋壁厚，由致密层及细蜂巢层组成。隔壁平直。拟旋脊低而宽，发育完善。列孔多。

分布与时代 亚洲；二叠纪阳新世早期。

阿丽西氏米斯蜓 *Misellina aliciae*（Deprat）

（图版20，5）

壳小，椭圆形。7圈，长1.1mm，宽0.86mm，轴率1.28∶1。1～7圈宽度为：0.16mm、0.22mm、0.32mm、0.42mm、0.58mm、0.70mm、0.86mm。旋壁2层。隔壁平直。拟旋脊发育完善，低而宽。初房外径0.08mm。

产地层位 大冶市西畈李；阳新统栖霞组下部。

喀劳得氏米斯蜓 *Misellina claudiae*（Deprat）

（图版18，5～7）

壳小，椭圆形，一般有7～8圈，有时可达10圈，图版18中的第5个图，有8圈，长2.15mm，宽1.50mm，轴率1.43∶1。图版18中的第6～7个图，有10圈，长2.6mm，宽2.0mm，轴率1.3∶1。第1～2圈宽大于长，其后逐渐变为长大于宽。旋壁2层。拟旋脊低而宽，排列齐整。列孔多而圆。初房外径0.11～0.17mm。

产地层位 大冶市西畈李、杜家湾、樟山，黄石市螺丝壳山等；阳新统栖霞组下部。

卵形米斯蜓 *Misellina ovalis*（Deprat）

（图版18，8、9）

壳卵形。7～8圈，长2.05mm，宽1.20mm，轴率1.71∶1。拟旋脊低而宽，顶部略圆，排列较疏松。初房外径0.12～0.14mm。

这个种与喀劳得氏米斯蜓的唯一区别是中轴较长，轴率较大。

产地层位 大冶市西畈李、樟山；阳新统栖霞组下部。

短轴蜓属 *Brevaxina* Schenck et Thompson，1940

壳亚球形，两极内凹。旋壁由致密层及细蜂巢层组成。蜂巢下有一不连续的黑线状物，可能为不连续的内疏松层。隔壁平直。拟旋脊发育完善。

分布与时代 亚洲；二叠纪阳新世。

凌乐短轴蜓？ *Brevaxina*? *lingloensis* Sheng

（图版18，3）

壳体大，亚球形，脐部略有内凹。$12\frac{1}{2}$圈，长6.50mm，宽9.52mm，轴率0.68∶1。所有壳圈的中轴均短于壳宽。1～$12\frac{1}{2}$圈宽度为：0.40mm、0.80mm、1.30mm、1.90mm、2.50mm、3.40mm、4.48mm、5.60mm、6.60mm、7.50mm、8.52mm、9.04mm、9.52mm。旋壁较厚，由致密

层、细蜂巢层及其下的黑线状层组成。拟旋脊见于外壳圈，呈三角形，初房不清楚。

产地层位 大冶市英山林场；阳新统茅口组。

新米斯蜓属 *Neomisellina* Sheng，1963

壳中等至大，粗纺锤形至冬瓜形。中轴直，两极圆。第1～3圈盘形。旋壁由致密层、细蜂巢层及其下一薄而致密之层，共3层组成。隔壁平直。拟旋脊发育完善，排列紧，列孔多。

分布与时代 亚洲；二叠纪阳新世晚期。

短圆筒形新米斯蜓 *Neomisellina brevicylindrica* Liu et al.

（图版20，2、3）

壳体大，短筒形，中部平直或微凹，两极圆。13～14圈，长4.82～7.12mm，宽3.42～4.6mm，轴率（1.41～1.55）:1。初房外径0.14mm。

这个种与*N. lepida*的区别在于壳体较短而宽圆的短筒形，轴率小。

产地层位 京山市义和、阳新县大王殿；阳新统茅口组上部。

紧卷新米斯蜓 *Neomisellina compacta*（Chen）

（图版20，8）

壳中等，圆筒形。$12\frac{1}{2}$圈以上，包卷紧密。长约4.83mm，宽约2.33mm。旋壁薄，3层。拟旋脊低而宽，呈三角形。列孔近球形。初房外径0.13～0.20mm。

产地层位 武穴田家镇；阳新统茅口组。

优美新米斯蜓 *Neomisellina delicate* Yang

（图版20，4）

壳大，椭圆形。$14\frac{1}{2}$圈，长6.96mm，宽4.12mm，轴率1.69:1。旋壁较薄，3层。拟旋脊发育，窄而高。列孔多呈圆形。初房外径0.02mm。

产地层位 钟祥市胡集乌龟寨；阳新统茅口组上部。

精致新米斯蜓 *Neomisellina lepida*（Schwager）

（图版20，1、6）

壳大，冬瓜形。$14\frac{1}{2}$圈，长5.55mm，宽2.66～3.22mm，轴率（1.72～2.03）:1。第1～2圈扁圆形，中轴短于壳宽，第3圈球形，第4圈亚球形，第5～6圈粗纺锤形，其后各圈呈冬瓜形。旋壁3层。拟旋脊发育完善，排列整齐。列孔圆。初房外径0.037mm。

产地层位 京山市义和、大冶市西畈李；阳新统茅口组上部。

米斯筳状新米斯蜓（新种） *Neomisellina misellinoides* G. X. Chen（sp. nov.）

（图版20，9～13）

壳小至中等，椭圆形或近椭圆形，中部圆拱，两极钝圆，各圈包卷宽松，形如米斯蜓。8～10圈，长2.37～3.40mm，宽1.37～2.04mm，轴率（1.52～2）∶1。第2～3圈圆球形，第4圈亚球形，第5圈以后为椭圆形或近椭圆形。旋壁由致密层、极细蜂巢层及内疏松层共3层组成。内部壳圈厚0.01～0.02mm，外部壳圈厚0.04～0.05mm。隔壁平直。拟旋脊发育完善，宽肥而高，为壳室的1/2～2/3。列孔多，一般为圆形。初房小，其外径0.037～0.074mm。测量数据如表5所示。

表5　米斯筳状新米斯蜓（新种）测量数据　(mm)

登记号	长度	宽度	轴率	初房外径	各圈宽度									
					1	2	3	4	5	6	7	8	9	10（$9\frac{1}{2}$）
Fu247（正型）	2.70	1.78	1.52∶1	0.037	0.11	0.19	0.32	0.44	0.63	0.85	1.15	1.42	1.68	1.78
Fu248（副型）	2.96	1.48	2.00∶1	0.074	0.15	0.26	0.37	0.56	0.74	0.94	1.22	1.48	—	—
Fu249（副型）	3.33	2.04	1.64∶1	0.038	0.15	0.22	0.37	0.56	0.77	0.99	1.33	1.76	2.04	—
Fu250（副型）	2.37	1.37	1.73∶1	0.067	0.17	0.26	0.35	0.52	0.66	0.93	1.15	1.37	—	—
Fu251（副型）	3.40	1.81	1.88∶1	0.074	0.15	0.22	0.30	0.43	0.59	0.78	1.01	1.26	1.52	1.81

比较　新种与*N. compacta*（Chen）比较相似。但新种的壳体较小，包卷松，轴率小，拟旋脊较高，初房较小等，易区别。

产地层位　阳新县太子庙、京山市石龙水库；阳新统茅口组上部。

石柱新米斯蜓 *Neomisellina shizhuensis* Yang

（图版20，7）

壳中等，近椭圆形，中部微拱，两极钝圆，$12\frac{1}{2}$圈，长4.7mm，宽3.0mm，轴率1.56∶1。旋壁3层。拟旋脊发育，但较小而圆。初房外径0.02mm。

产地层位　阳新县太子庙；阳新统茅口组。

假桶蜓属 *Pseudodoliolina* Yabe et Hanzawa, 1932

壳为短筒形或冬瓜形，中部平或微拱，两极圆，包卷紧。旋壁极薄，仅由致密层组成。隔壁平直。拟旋脊发育完善，窄而高。有列孔。

分布与时代　亚洲、欧洲、北美洲；二叠纪阳新世。

青海假桶蜓 *Pseudodoliolina chinghaiensis* Sheng

（图版19,8）

壳中等，短筒形。10圈，长4.60mm，宽2.22mm，轴率2.07∶1。旋壁薄，1层。拟旋脊发育完善，在外圈上常可到达壳室顶部。列孔小。初房外径0.24mm。

产地层位 大冶市西畈李、崇阳县三山石屋塘；阳新统茅口组中部。

美丽假桶蜓 *Pseudodoliolina pulchra* Sheng

（图版19,9）

壳中等，长椭圆形，中部拱，两极圆，12圈，长4.2mm，宽2.2mm，轴率1.9∶1。旋壁1层，在高倍显微镜下可见到致密层之下具微孔构造之层。拟旋脊非常发达，窄而高，顶端加厚如棒球状。列孔发育。初房外径0.16mm。

产地层位 大冶市西畈李、崇阳县三山石屋塘、赤壁市、京山市义和、秭归县新滩等；阳新统茅口组。

假精致假桶蜓 *Pseudodoliolina pseudolepida*（Deprat）

（图版19,4）

壳中等到大，长椭圆形，$15\frac{1}{2}$圈，长9.06mm，宽4.08mm，轴率2.22∶1。旋壁薄，1层，在外圈上其致密层之下可见到微孔构造。拟旋脊窄而高，排列紧密，有的可到达壳室顶部，形如副隔壁状。列孔少。初房外径0.21mm。

产地层位 崇阳县三山石屋塘、大冶市西畈李、秭归县新滩；阳新统茅口组。

小泽氏假桶蜓 *Pseudodoliolina ozawai* Yabe et Hanzawa

（图版19,5）

壳中等，冬瓜形。11圈，长5.0mm，宽1.9mm，轴率2.63∶1。初房外径0.12mm。本种主要识别点：壳圈较少，包卷较松，轴率较大，拟旋脊较宽、高和排列较疏松等。

产地层位 大冶市西畈李、钟祥市洪沟岭、秭归县新滩；阳新统茅口组。

新希瓦格蜓科 Neoschwagerinidae Dunbar et Condra，1927

新希瓦格蜓亚科 Neoschwagerininae Dunbar et Condra，1927

格子蜓属 *Cancellina* Hayden，1909，emend. Kanmera，1957

壳呈纺锤形至粗纺锤形。旋壁很薄，由致密层及细蜂巢层组成。副隔壁也很薄，具轴向及旋向两组，原始的种仅具旋向副隔壁，较进化的种外圈上还有第二旋向副隔壁。拟旋脊窄而高，常与第一旋向副隔壁相连。具列孔。

分布与时代 亚洲、北美洲；二叠纪阳新世。

新希瓦格筳状格子䗴 *Cancellina neoschwagerinoides* (Deprat)

(图版22,5～7)

壳小到中等,粗纺锤形或椭圆形。$7\frac{1}{2}$圈,长3.02mm,宽1.60mm,轴率1.88∶1。旋壁2层,蜂巢层很细,厚薄不均。第一旋向副隔壁薄而柔,常位于拟旋脊之上,第二旋向副隔壁仅见于最外1圈。拟旋脊窄而高。列孔很小。初房外径0.22mm。

产地层位 崇阳县白霓桥张家岭、三山韭菜岭,赤壁市官塘;阳新统茅口组下部。

新希瓦格䗴属 *Neoschwagerina* Yabe,1903

壳粗纺锤形,旋壁由致密层及蜂巢层组成,蜂巢层极细,聚集下延成副隔壁,副隔壁具有轴向及旋向两组。高级种外圈具第二旋向副隔壁。拟旋脊常与第一旋向副隔壁相连。列孔多。

分布与时代 亚洲、欧洲、北美洲;二叠纪阳新世晚期。

网格状新希瓦格䗴 *Neoschwagerina craticulifera* (Schwager)

(图版21,6、7)

壳小到中等,粗纺锤形。中轴直,侧坡拱,两极钝尖。13～$15\frac{1}{2}$圈,长2.84～3.01mm,宽1.84～2.24mm,轴率(1.34～1.54)∶1。旋壁较厚,2层。副隔壁2组。第一旋向副隔壁宽,排列松,与拟旋脊相连;第二旋向副隔壁偶见于最外1圈。拟旋脊低、较宽。初房外径0.03～0.05mm。

产地层位 大冶县西畈李;阳新统茅口组。

恩施新希瓦格䗴 *Neoschwagerina enshiensis* Lin

(图版19,2)

壳大,粗纺锤形。21圈,长7.64mm,宽4.3mm,轴率1.78∶1。第1～2圈中轴与其后各圈中轴垂直交角,第1～4圈呈球形,第5～12圈中部强凸,侧坡斜直,似呈菱形,其后逐渐为粗纺锤形。旋壁2层。第一旋向副隔壁较长,常与拟旋脊相连;第二旋向副隔壁不发育,在最外1～2圈偶尔见到,很宽而短,夹于第一旋向副壁之间。拟旋脊宽而低。列孔多呈圆球形,初房外径0.08mm。

产地层位 咸丰县白岩落水洞红石畈;阳新统茅口组上部。

筳状新希瓦格䗴 *Neoschwagerina fusiformis* Skinner et Wilde

(图版19,3)

壳纺锤形,中轴直。$18\frac{1}{2}$圈。长6.77mm,宽4.43mm,轴率1.53∶1。第1圈扁圆形,中轴

短；第2圈球形；其后渐为亚球形至纺锤形。旋壁2层，蜂巢层较厚。第一旋向副隔壁较薄，常与拟旋脊相连。第二旋向副隔壁见于最外1～2圈，短而粗壮。拟旋脊低而宽。列孔发育。初房外径0.40mm。

产地层位　秭归县新滩；阳新统茅口组。

海登氏新希瓦格蜓　*Neoschwagerina haydeni* Dutkevich et Khabakov

（图版21，2）

壳粗纺锤形，中部强凸，侧坡微凹或拱，两极钝尖。14圈，长4.26mm，宽2.63mm，轴率1.61∶1。第1圈盘形，第2～3圈近球形，第4圈以后渐为粗纺锤形。旋壁2层。第一旋向副隔壁宽而长，多数与拟旋脊相连。第二旋向副隔壁不发育，仅最外1～2圈偶尔出现。拟旋脊低而宽。列孔发育呈圆形。初房外径0.09mm。

产地层位　赤壁市；阳新统茅口组上部。

贵州新希瓦格蜓　*Neoschwagerina kueichowensis* Sheng

（图版21，5）

壳长纺锤形。中轴直，两极尖。18圈，长7.88mm，宽4.01mm，轴率1.96∶1。第1～3圈球形，第4～5圈亚球形，其后渐变粗纺锤形至长纺锤形。旋壁2层。第一旋向副隔壁发育完善，较宽，常与拟旋脊相连。第二旋向副隔壁极不发育，偶见外圈。列孔圆。初房外径0.06mm。

产地层位　赤壁市；阳新统茅口组上部。

简单新希瓦格蜓　*Neoschwagerina simplex* Ozawa

（图版21，9）

壳粗纺锤形。12圈，长2.86mm，宽1.92mm，轴率1.49∶1。第1圈盘形，第2～3圈亚球形，其后壳圈渐变为粗纺锤形。旋壁厚。第一旋向副隔壁厚而短，排列整齐较宽松。拟旋脊大而高，与第一旋向副隔壁相连。列孔小而圆。初房外径0.10mm。

产地层位　赤壁市；阳新统茅口组。

特巴加新希瓦格蜓　*Neoschwagerina tebagaensis* Skinner et Wilde

（图版21，4）

壳中等，粗纺锤形。$16\frac{1}{2}$圈，长4.66mm，宽3.46mm，轴率1.35∶1。第1～3圈扁圆形，中轴短，第4圈以后渐为粗纺锤形，壳形很少改变。旋壁2层。第一旋向副隔壁常与拟旋脊相连，第二旋向副隔壁粗而短，不发育，仅在外圈偶尔出现。拟旋脊低而宽。列孔发育，其切面呈圆形至矩形不等。初房外径0.06mm。

产地层位　秭归县新滩；阳新统茅口组。

矢部蜓属　*Yabeina* Deprat，1914

壳呈粗纺锤形至长纺锤形。旋壁由致密层及纤细蜂巢层组成。隔壁平直，但多而薄，不规则。副隔壁有轴向及旋向两组，其下部固结。第二旋向副隔壁介于第一旋向副隔壁之间，长仅及其半。拟旋脊很发育完善。列孔多。

分布与时代　亚洲、北美洲；二叠纪阳新世晚期。

顾伯勒氏矢部蜓　*Yabeina gubleri* Kanmera

（图版21，1、3）

壳很大，纺锤形。图版21中的第3个图有15圈，长9.4mm，宽3.26mm，轴率2.85∶1。第1圈近球形，第2～4圈粗纺锤形，其后各圈为纺锤形。旋壁极薄，2层。第一旋向副隔壁细而长，下部固结并常与拟旋脊相连。第4圈起出现第二旋向副隔壁。拟旋脊很发育，窄而高。列孔多。初房外径0.4mm。

产地层位　咸丰县白岩落水洞；阳新统茅口组。

白岩矢部蜓　*Yabeina shiraiwensis* Ozawa

（图版21，10）

壳大，粗纺锤形。通常15圈，包卷紧密，第1圈球形，后渐变为粗纺锤形。长7.25mm，宽4.32mm，轴率1.8∶1。旋壁薄，2层。第一旋向副隔壁每圈都有，间夹第二旋向副隔壁但仅见于外圈。副隔壁下部均固结。拟旋脊窄。列孔小而圆。初房外径0.36mm。

产地层位　赤壁市、武穴市、京山市义和；阳新统茅口组上部。

新滩矢部蜓　*Yabeina xintanensis* Ding

（图版21，8）

壳中等到巨大，纺锤形，中部强凸，两极钝尖，成年期壳有19圈，长10.62mm，宽5.37mm，轴率1.98∶1。第1圈近于球形，其余呈纺锤形。旋壁薄，2层。第一旋向副隔壁细长，下端固结加厚，与拟旋脊相连。第二旋向副隔壁短，只有第一旋向副隔壁的1/2长，从第8圈开始出现，一般只有1个，但在最外3～4圈常有2个，不甚规则。拟旋脊很多。初房外径0.32mm。

这个种在许多特征上与*Yabeina gubleri* Kanmera很相似，仅是壳圈稍多，轴率较小，二者很可能同种。

产地层位　秭归县新滩；阳新统茅口组。

苏门答腊䗴亚科 Sumatrininae Silvestri，1933

阿富汗䗴属 *Afghanella* Thompson，1946

壳中等，粗纺锤形至长椭圆形。旋壁由致密层及极细蜂巢层组成，蜂巢层厚度不均。副隔壁很薄，固结不透明，下部加厚呈钟摆状，副隔壁又分轴向及第一、第二旋向副隔壁。拟旋脊很发育。列孔多。

分布与时代 亚洲各地；二叠纪阳新世晚期。

宽松阿富汗䗴（新种） *Afghanella lata* G. X. Chen（sp. nov.）

（图版22，3、4）

壳中等，椭圆形。9～10$\frac{1}{2}$圈，长3.92～4.80mm，宽2.30～2.94mm，轴率（1.63～1.70）:1。第1圈为圆球形，其后为粗纺锤形至椭圆形。各圈包卷均较宽松。旋壁较厚，由致密层及细蜂巢层组成，蜂巢层厚薄极不均。第一旋向副隔壁较粗密而长，常与拟旋脊相连，不甚规则，其下端明显加厚呈钟摆状。第二旋向副隔壁小而短，两个第一旋向副隔之间只有1个。拟旋脊短宽。列孔多。初房外径0.14～0.34mm。测量数据如表6所示。

表6 宽松阿富汗䗴（新种）测量数据 (mm)

登记号	长度	宽度	轴率	初房外径	壳圈数	各圈宽度										
						1	2	3	4	5	6	7	8	9	10	10$\frac{1}{2}$
Fu283（正型）	4.80	2.94	1.63：1	0.34	9	0.52	0.72	0.96	1.24	1.56	1.88	2.22	2.6	2.94	—	—
Fu284（副型）	3.92	2.30	1.70：1	0.14	10$\frac{1}{2}$	0.20	0.32	0.42	0.60	0.78	0.96	1.20	1.50	1.96	2.14	2.30

比较 新种形态上与*Afghanella schencki* Thompson相似，但新种壳圈包卷较宽松，旋壁较厚，第一旋向副隔壁较粗而密等可以区别。

产地层位 钟祥市胡集乌龟寨、崇阳县路口白霓桥；阳新统茅口组。

欣克氏阿富汗䗴 *Afghanella schencki* Thompson

（图版22，1）

壳中等，粗纺锤形或亚椭圆形，中部略拱，两极钝圆。10圈，长4.28mm，宽2.44mm，轴率1.79:1。1～10圈宽度为：0.26mm、0.40mm、0.56mm、0.72mm、0.94mm、1.18mm、1.46mm、1.74mm、2.12mm、2.44mm。旋壁薄，2层。副隔壁不均，上细下粗，不透明。第一旋向副隔壁长，常与拟旋脊相连。第二旋向副隔壁在内部壳圈上仅有1个，在最外1～2圈有2个。拟旋脊发育。初房外径0.20mm。

产地层位 崇阳县白霓桥张家岭；阳新统茅口组。

简单阿富汗蜓 *Afghanella simplex* Sheng

（图版22，2）

壳中等，椭圆形。$7\frac{1}{2}$圈，包卷较松，长3.14mm，宽1.84mm，轴率1.71∶1。1～$7\frac{1}{2}$圈宽度为：0.32mm、0.54mm、0.66mm、0.88mm、1.14mm、1.40mm、1.70mm、1.84mm。旋壁2层。第一旋向副隔壁细长，常与拟旋脊相连。第二旋向副隔壁开始出现于第5圈，不连续。拟旋脊窄而高。列孔不甚发育。初房外径0.24mm。

这个种的主要特征：壳圈少；包卷较松；第二旋向副隔壁较少，不甚发育等区别于*Afghanella schencki* Thompson。

产地层位 崇阳县白霓桥张家岭；阳新统茅口组。

苏门答腊蜓属 *Sumatrina* Volz，1904

壳中等到大，纺锤形至长纺锤形。旋壁仅有致密层1层。隔壁平直。副隔壁呈钟摆状，有轴向及旋向两组。旋向副隔壁又可分为第一、第二旋向副隔壁。

分布与时代 亚洲各地；二叠纪阳新世晚期。

安娜苏门答腊蜓 *Sumatrina annae* Volz

（图版22，11）

壳中等，纺锤形，中轴直。$7\frac{1}{2}$圈，长3.22mm，宽1.28mm，轴率2.52∶1。第一旋向副隔壁长，常与拟旋脊相连，第二旋向副隔壁在内部壳圈有1～2个，外部壳圈一般3个。拟旋脊宽而高。初房外径0.14mm。

产地层位 钟祥市胡集乌龟寨；阳新统茅口组。

筳状苏门答腊蜓 *Sumatrina fusiformis* Sheng

（图版22，12）

这个种和*Sumatrina longissima* Deprat的特征几乎相同，唯有外形呈不规则的筒形，中轴不直。当前的标本可能是幼虫，4圈，长3.48mm，宽1.59mm，轴率4.8∶1。初房较大，外径0.36mm。

产地层位 阳新县太子庙、来凤县老峡；阳新统茅口组。

筳状苏门答腊蜓巨形亚种 *Sumatrina fusiformis gigantea* Lin

（图版22，10）

壳巨大，不规则的长筒形，两极尖，中轴弯。12圈，长11.74mm，宽2.26mm，轴率5.19∶1。副隔壁上细下粗呈钟摆状，第一旋向副隔壁长，与拟旋脊相连。第二旋向副隔壁短，介于第一旋向副隔壁之间，在内部壳圈上有1～2个，外圈上有2～3个。拟旋脊低，为壳室的1/3。

初房外径0.24mm,有时2个初房。

本亚种特征与*Sumatrina fusiformis* Seng相似,唯壳圈较多,壳体较大,很可能为同种。

产地层位 来凤县老峡;阳新统茅口组。

长苏门答腊䗴 *Sumatrina longissima* Deprat

(图版22,8、9)

壳长圆筒形,中轴直。$8\frac{1}{2}\sim10\frac{1}{2}$圈,长10.4mm,宽2.62mm,轴率4.47∶1。旋壁1层,较厚,隔壁平直。副隔壁2组,上细下粗,呈钟摆状,第一旋向副隔壁长,与拟旋脊相连,第二旋向副隔短,在外圈有4个左右,内圈较少。拟旋脊低而宽。初房外径0.30mm。

产地层位 武穴市田家镇、来凤县老峡、京山市石龙水库;阳新统茅口组。

（二）古杯动物门 Archaeocyatha

古杯动物的基本构造如图15所示。

曲板古杯纲 Taenioidea Vologdin，1962

原古杯目 Archaeocyathida Okulitch, 1936

原古杯科 Archaeocyathidae Okulitch, 1943

原古杯属 *Archaeocyathus* Billings, 1861

杯体具多孔的内壁、外壁，壁间发育着不同程度弯曲的曲板，中腔明显，泡沫板极少发育。

分布与时代 亚洲、欧洲、南极洲、北美洲，澳大利亚；寒武纪纽芬兰世—第三世。

湖北原古杯 *Archaeocyathus hupehensis* Chi

（图版23，1）

杯体柱状，直径28～37mm，中腔宽14～17mm。外壁较厚。曲板密集，其外围部分不规则地褶曲，褶曲部分有时彼此相接，曲板的近内壁部分呈规则的辐射状。在直径为28～37mm处有曲板100～110条。

产地层位 宜昌市西陵峡；第二统天河板组。

宜昌原古杯 *Archaeocyathus yichangensis* Yuan et S. G. Zhang

（图版23，2、3）

杯体圆柱状。内壁、外壁多孔、较薄。曲板较稀，其外围2/3部分强烈褶曲，乃至彼此相接，近内壁的1/3较平直，呈辐射状。曲板厚度为0.10～0.15mm。杯体直径13～14mm，中腔宽5.5mm，有曲板30～40条。杯体直径8mm，中腔宽3mm者，有曲板20条。

产地层位 宜昌市夷陵区石龙洞；第二统天河板组。

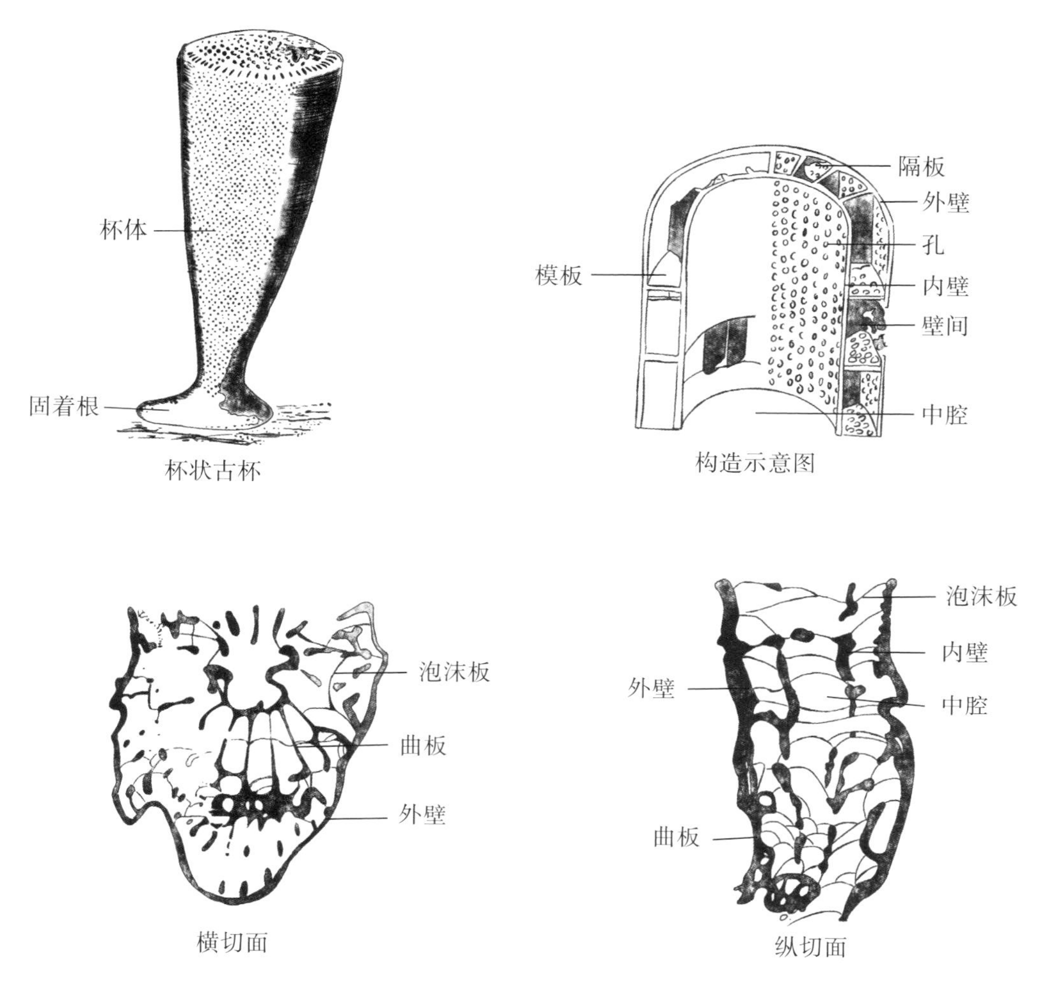

图15　古杯动物的基本构造

天河板原古杯　*Archaeocyathus tianhebanensis* Yuan et S. G. Zhang

（图版23，4、5）

杯体尖锥状，直径12～13mm，中腔宽5.5mm。内壁、外壁均薄而多孔。曲板密度中等，部分曲板的近外壁部分强烈褶曲，近内壁部分呈辐射状排列；另一部分曲板褶曲不明显。直径12～13mm处有曲板36条。

产地层位　宜昌夷陵区石龙洞；第二统天河板组。

网格古杯属　*Retecyathus* Vologdin，1932

杯体一般呈圆柱状，内外壁具孔。弯曲的曲板均匀地分布在壁间内。中腔明显。壁间与中腔内部都可有泡沫板。

分布与时代　中国、蒙古，西伯利亚；寒武纪纽芬兰世—第二世。

美丽网格古杯 *Retecyathus nitidus* Yuan et S. G. Zhang

（图版23，8、9）

杯体小，圆柱状，直径6mm。中腔很狭窄。外壁薄，内壁厚，由曲板内端加厚而彼此相连而成。曲板靠外围的一半加厚不明显，弯曲厉害，近内壁的一半明显加厚且不甚弯曲，直径6mm处有曲板17条。整个壁乃至中腔都有泡沫板分布。

产地层位 宜昌市夷陵区石龙洞、秭归县牛肝马肺峡；第二统天河板组。

饰板网格古杯（相似种） *Retecyathus* cf. *comptophragma* Vologdin

（图版23，6、7）

杯体外形有些不规则，较细长，直径6～9mm。外壁不甚规则，内壁较厚，上面盖有一层薄膜。曲板全部加厚，近内壁部分规则地呈辐射状排列，近外壁部分强烈褶皱。曲板中间夹有泡沫板，形成网状。

产地层位 宜昌市西陵峡；第二统天河板组。

顾斯明网格古杯 *Retecyathus kusmini* Vologdin

（图版23，10、11）

杯体长柱形，直径约25mm。中腔完整且狭窄。外壁薄，内壁由曲板内端加厚而成。曲板的近外壁部分有孔，排列不规则，在直径20～25mm处有曲板40～50条。整个壁间都有细的泡沫板，泡沫板与曲板一起形成复杂的网格状或方格状。

产地层位 宜昌市西陵峡；第二统天河板组。

蜂窝环网格古杯 *Retecyathus laqueus* Vologdin

（图版23，12～14）

杯体小，直径5mm。外壁薄，内壁厚。曲板全部加厚，近内壁、外壁处较密，中间较稀。在直径5mm处有曲板16条。中腔与壁间内部分布有细的泡沫板，在横切面上加厚的曲板与细的泡沫板共同组成网格状。

产地层位 宜昌市西陵峡；第二统天河板组。

一般网格古杯 *Retecyathus communis* Yuan et S. G. Zhang

（图版24，3、4）

杯体尖锥状，直径约15mm，中腔较宽，有6mm。外壁薄，内壁较厚，由曲板内端加厚而成。曲板排列较密，近外壁的部分褶曲不甚强烈，近内壁部分呈辐射状排列，在直径15mm处有55～65条曲板。泡沫板较细，分布在曲板之间。

产地层位 宜昌市夷陵区石龙洞；第二统天河板组。

拟网格古杯亚属

Retecyathus（*Pararetecyathus*）Yuan et S. G. Zhang，1978

与狭义的网格古杯*Retecyathus*（*Retecyathus*）之区别在于本亚属外形不甚规则，呈波状褶皱；中腔较大。具瘤状突起。

分布与时代 湖北；寒武纪第二世。

波曲拟网格古杯

Retecyathus（*Pararetecyathus*）*curvatus* Yuan et S. G. Zhang

（图版24，9～12）

单体，个体较大，直径20～35mm，外形不规则，有无规律的纵横向褶皱和瘤状突起，横向的波状褶皱更明显。外壁薄，类似一层暗灰色薄膜，孔系情况不明。内壁明显，较薄，由曲板末端互相连接而成，每个曲板间有一列内壁圆孔，直径0.5mm。壁间相对窄些，约为杯体半径的1/2。壁间内密集地排列着强烈弯曲的曲板，它的外围部分排列紊乱不规则，向里逐渐趋向辐射状排列，尤其近中央1/2或1/3部分较平直，呈辐射状排列，直径35mm的横切面上约90条曲板。曲板有许多圆孔，直径0.5mm。泡沫板很薄，密集地分布在壁间与曲板交织在一起。中腔宽大、完整，其中除见到少量泡沫板外，没有其他骨骼。

产地层位 宜昌市夷陵区石龙洞；第二统天河板组。

始箭筒古杯科 Protopharetridae Vologdin，1957

始箭筒古杯属 *Protopharetra* Bornemann，1884

杯体不是经常都具有规则的外形，有群体，也有单体。中腔很少见到，早年期完全没有。整个壁间布满着交错在一起的曲板和泡沫板，曲板的粗细及其孔的大小、特征均可变化。

分布与时代 中国、蒙古、澳大利亚，西伯利亚、北非、欧洲、南极洲、北美洲；寒武纪第二世。

始箭筒古杯（未定种） *Protopharetra* sp.

（图版24，7、8）

杯体外形不甚规则，一个标本直径为7～10mm。中腔不显。整个壁间充满着曲板与泡沫板，曲板分布较密，直径为7～10mm时曲板30条以上。曲板上有大小不同的孔，曲板长短也不同，有的伸达中央，有的仅有其1/2长。泡沫板较细，分布在曲板之间。

产地层位 宜昌市夷陵区石龙洞；第二统天河板组。

三峡古杯属 *Sanxiacyathus* Yuan et S. G. Zhang，1977

杯体圆柱至尖锥状。内壁、外壁具孔，内壁特厚，有不少向上倾斜的孔道。中腔不明显。

曲板和泡沫板不仅分布在壁间,还延伸至中腔内。

分布与时代 湖北;寒武纪第二世。

湖北三峡古杯 *Sanxiacyathus hubeiensis* Yuan et S. G. Zhang

(图版24,1、2)

杯体圆柱形,具波曲不平的表面,直径约11mm,中腔不明显。外壁较薄,厚0.1mm左右,内壁极厚,由曲板内端彼此连接而成,其厚度为1.5mm左右。曲板有从外向内逐渐变厚的趋向,外围部分褶曲且有孔,近内壁的2/3部分规则地呈辐射状排列,曲板伸入中腔,在中腔中相互相连,直径为11mm时曲板约34条。泡沫板细,在壁间和中腔中均有分布。在纵切面上可见到内壁上有不少上斜的孔道,孔道直径达0.3mm,在其中也见有泡沫板。

产地层位 宜昌市夷陵区石龙洞;第二统天河板组。

标准三峡古杯 *Sanxiacyathus typus* Yuan et S. G. Zhang

(图版24,5、6)

杯体扁柱状,表面有波曲,直径9～12mm,中腔不明显。内壁巨厚,由加厚的曲板内端彼此相连而成。曲板普遍增厚,外围1/2部分褶曲,近内壁的1/2部分较平直,呈辐射状,曲板伸入中腔中相互接连,直径9～13mm时有曲板30条以上。泡沫板散布于壁间与中腔内。在纵切面中可见内壁也有一些向上倾斜的孔道,孔道中也散布有泡沫板。

产地层位 宜昌市夷陵区石龙洞;第二统天河板组。

（三）多孔动物门 Porifera

古海绵属 *Archaeoprotospongia*

古海绵骨针（未定种） *Archaeoprotospongia* sp.

（图版25，1）

单射为主，斜切面两端尖锐，个别的具柄状。长0.10～1.00mm，宽0.01～0.02mm。横切面圆形。硅质成分，玉髓为主。围岩色暗，有机质及铁质含量较高。

产地层位 宜昌市夷陵区莲沱；下震旦统陡山沱组底部。

海绵骨针 *Spiculae*

（图版25，3～5、11～13）

各种形状的海绵骨针，有新月形、根状、针状、荆刺状等。大小为20～70μm。黑色及黑褐色。

产地层位 秭归县庙河；下震旦统陡山沱组、上震旦统—纽芬兰统灯影组。

开腔骨针属 *Chancelloria* Walcott，1920

推测为不大的扁圆形生物，薄壁，口袋形。外骨骼，生物体表面覆有大量小的、无规律分布的玫瑰花结形产物，由5～11个刺管（大多数7～9个）组成。其中有1个中央刺管。外覆的刺管，其痕迹在薄片内见到。在个别情况下，中央刺管缺失。刺管大小不超过4mm，而玫瑰花结直径9mm。一般分解开，不保存在一起。除中央刺管外，刺管呈钉形，一般弯曲，具强钝端。刺管由磷酸钙组成。

分布与时代 中国、加拿大、美国、墨西哥、意大利、朝鲜、苏联、澳大利亚；寒武纪。

阿尔泰开腔骨针（相似种） *Chancelloria* cf. *altaica* Romanenko

（图版25，8、9）

由刺管组成的掌状骨片，较小（1～4mm）。具有中央盘，呈微尖的丘状或管状，基部开口，基部呈多边形，边数随毗邻的水平刺管数而定。

水平辐射刺管5～11根（常见7～9根），直或向内弯曲，中空、壁薄、外端横切面圆形，近中央盘端切面多边形，三面平，底面亦平，与中央盘（或刺管）一道均在同一面开孔（基孔）。刺管表面、内面均光滑无饰，直径向外伸出急剧变细。刺间接缝清楚，有时残留“接鞘”。

产地层位 宜昌市夷陵区莲沱黄鳝洞；上震旦统—纽芬兰统灯影组顶部。

开腔骨针(未定种) *Chancelloria* sp.

(图版25,10)

壳体为由中央盘和四周的射管组成的锚状体,中央盘向上伸出一根中央射管,射管的顶端膨大呈拳头状,即为中央盘,它呈圆形或近似椭圆形,顶面中央有一小孔凹下,可能为海绵体的水道口,四周的射管水平状或微向上斜伸,共有8根,分别等距离分散射出。表面光滑。

产地层位 宜昌市夷陵区石牌、黄鳝洞;上震旦统—纽芬兰统灯影组顶部。

下震旦统陡山沱组和上震旦统—纽芬兰统灯影组的后生动物化石还有磷质介壳动物化石(图版25,6)、网孔几丁虫(*Sagenaporellachitina* sp.)(图版25,2)、痕迹化石(图版25,14)。

（四）蠕形动物超门 Vermes

微线虫属 *Micronemaites* Sin et Liu, 1978

微体蠕形动物，线状，长度为宽度（直径）的数百倍，分节，有皱纹及大量乳突，乳突成对排列。淡黄褐色。

分布与时代 湖北；晚震旦世。

美丽微线虫 *Micronemaites formosus* Sin et Liu

（图版25，15、16）

微体蠕形动物，线状，长度大于10mm，最宽（横切面直径）18μm，宽与长之比约为1∶500，虫体（只保存了角质或几丁质外壳）膜状；分节，两节之间由圆形环状有机质膜片（直径近于虫体直径）分隔；有皱纹；虫体的一侧（腹部）有大量成对排列的乳突，每节约有乳突20对（不完全统计）。

产地层位 秭归县庙河；上震旦统—纽芬兰统灯影组。

石针虫属 *Scolithus* Hiek

石针虫（未定种） *Scolithus* sp.

（图版25，7）

壳中空，长管状。密集排列于岩层内，与岩层垂直或斜交，管体互不联系，没有分叉现象，每个个体直或微弯，横切面椭圆形或微椭圆形，直径1.0～3.0mm，常见1.5mm左右，管壁较厚，管长10～20mm，壳顶浑圆，壳表面未见任何纹饰。

产地层位 宜昌市夷陵区石牌；上震旦统—纽芬兰统灯影组顶部。

二、属种拉丁名、中文名对照索引

A

化石名称	层位	页	图版	图
Afghanella Thompson，1946　阿富汗蜓属		67		
A. *lata* G. X. Chen (sp. nov.) 宽松阿富汗蜓（新种）	P_2m	67	22	3、4
A. *schencki* Thompson　欣克氏阿富汗蜓	P_2m	67	22	1
A. *simplex* Sheng　简单阿富汗蜓	P_2m	68	22	2
Aljutovella Rauser，1951　阿留陀夫蜓属		20		
A. *fallax* Rauser　诈阿留陀夫蜓	C_2h	20	4	1
Archaeocyathus Billings，1861　原古杯属		70		
A. *hupehensis* Chi　湖北原古杯	$Є_2t$	70	23	1
A. *tianhebanensis* Yuan et S. G. Zhang　天河板原古杯	$Є_2t$	71	23	4、5
A. *yichangensis* Yuan et S. G. Zhang　宜昌原古杯	$Є_2t$	70	23	2、3
Archaeoprotospongia　古海绵属		75		
A. sp. 古海绵骨针（未定种）	Z_1d	75	25	1

B

化石名称	层位	页	图版	图
Brevaxina Schenck et Thompson，1940　短轴蜓属		60		
B. ? *lingloensis* Sheng　凌乐短轴蜓？	P_2m	60	18	3

C

化石名称	层位	页	图版	图
Cancellina Hayden，1909，emend. Kanmera，1957 格子蜓属		63		
C. *neoschwagerinoides* (Deprat)　新希瓦格筳状格子蜓	P_2m	64	22	5～7
Chancelloria Walcott，1920　开腔骨针属		75		
C. cf. *altaica* Romanenko　阿尔泰开腔骨针（相似种）	$Z_2Є_1dn$	75	25	8、9
C. sp. 开腔骨针（未定种）	$Z_2Є_1dn$	76	25	10
Chenia Sheng，1963　陈氏蜓属		57		
C. *chezhanensis* G. X. Chen (sp. nov.) 车站陈氏蜓（新种）	P_3l	57	16	9～11
C. *exilis* Chen　弱陈氏罐	P_3w	57	18	10、11
Chusenella Hsü，1942，emend. Chen，1956　朱森蜓属		41		

C. *angulata* G. X. Chen (sp. nov.) 角状朱森蜓（新种）	P_2m	41	11	8～10
C. *conicocylindrica* Chen 锥筒形朱森蜓	P_2m	41	10	10
C. *conicocylindrica magna* Ding 锥筒形朱森蜓大型亚种	P_2m	42	10	11
C. *douvillei* (Colani) 陶维利氏朱森蜓	P_2m	42	11	2
C. *globularis* (Gubler) 似球形朱森蜓	P_2m	42	11	3、4
C. *henbesti* (Chen) 韩伯斯特朱森蜓	P_2m	43	7	9
C. *huayunica* Chang 华蓥朱森蜓	P_2m	42	11	14
C. *ishanensis* (Hsü) 宜山朱森蜓	P_2m	42	11	13
C. *plana* Ding 平坦朱森蜓	P_2m	43	10	7
C. *schwagerinaeformis* Sheng 希瓦格蜓状朱森蜓	P_2m	43	9	11
C. *shiqianensis* Liu et al. 石阡朱森蜓	P_2m	43	11	11、12
C. *sinensis* Sheng 中华朱森蜓	P_2m	44	11	1、5
C. *tieni* (Chen) 田氏朱森蜓	P_2m	44	11	6、7
C. *wuhsüehensis* (Chen) 武穴朱森蜓	P_2m	44	10	5、6
C. *xiangxiensis* Ding 香溪朱森蜓	P_2m	44	10	1、2
Codonofusiella Dunber et Skinner，1937 喇叭蜓属		14		
C. ? *globoides* Rui 似球形喇叭蜓？	P_3x	15	2	16
C. *lui* Sheng 卢氏喇叭蜓	P_3w	15	2	2、6
C. *ovalis* Yang 卵形喇叭蜓	P_3x	16	2	17
C. *paradoxica* Dunbar et Skinner 奇异喇叭蜓	P_3w	15	2	1、21、22
C. *paradoxica hubeiensis* Lin 奇异喇叭蜓湖北亚种	P_3w	15	2	18
C. *pseudolui* Sheng 假卢氏嗽叭蜓	P_3w	15	2	15
C. *prolata* Rui 伸长喇叭蜓	P_3x	16	2	19、20
C. *schubertelloides* Sheng 苏伯特蜓状喇叭蜓	P_3x	16	2	7
C. *songziensis* G. X. Chen (sp. nov.) 松滋喇叭蜓（新种）	P_3w	16	2	3～5

E

化石名称	层位	页	图版	图
Eoparafusulina Coogan，1960 始拟纺锤蜓属		31		
E. *bella* (Chen) 美丽始拟纺锤蜓	P_1c	31	6	16
E. *bellula* Skinner et Wilde 优美始拟纺缍蜓	P_1c	32	6	15
E. *contracta* (Schellwien) 较短始拟纺锤蜓	P_1c	32	7	2
E. *elliptica* (Lee) 椭圆始拟纺锤蜓	P_1c	32	6	14
E. *ovata* (Chang) 卵形始拟纺锤蜓	P_1c	32	7	3
E. *ovatoides* Liu et al. 似卵形始拟纺锤蜓	P_1c	32	6	17

E. parashengi (Chang) 拟盛氏始拟纺锤蝬	P_1c	33	6	18
Eostaffella Rauser, 1948 始史塔夫蝬属		6		
E. anhuiana hubeiensis G. X. Chen (subsp. nov.) 安徽始史塔夫蝬湖北亚种（新亚种）	C_1h	6	1	1
E. evolutis Rosovskaya 展开始史塔夫蝬	C_1h	6	1	7
E. hohsienica Chang 和县始史塔夫蝬	C_1h	6	1	2
E. parastruvei var. *chusovensis* Kireeva 拟施特鲁韦氏始史塔夫蝬楚索变种	C_1h	7	1	3
E. yangxinensis G. X. Chen (sp. nov.) 阳新始史塔夫蝬（新种）	C_2h	7	1	4～6

F

化石名称	层位	页	图版	图
Fusiella Lee et Chen, 1930 微纺锤蝬属		13		
F. paradoxa Lee et Chen 特殊微纺锤蝬	C_2h	13	2	25
F. praetypica Safonova 前标准微纺锤蝬	C_2h	14	1	37
F. pulchella Safonova 美丽微纺锤蝬	C_2h	14	2	23
F. typica Lee et Chen 标准微纺锤蝬	C_2h	14	2	24
F. typica var. *extensa* Rauser 标准微纺锤蝬延伸变种	C_2h	14	1	36
Fusulina Fischer de Waldheim, 1829 纺锤蝬属		27		
F. elegans Rauser et Beljaev 华美纺锤蝬	C_2h	27	3	18
F. elongata G. X. Chen (sp. nov.) 展长纺锤蝬（新种）	C_2h	27	6	9
F. hubeiensis Chen 湖北纺锤蝬	C_2h	28	6	10
F. konnoi (Ozawa) 今野氏纺锤蝬	C_2h	28	6	4
F. lanceolata Lee et Chen 矛头纺锤蝬	C_2h	28	6	8
F. nytvica Safonova 聂特夫纺锤蝬	C_2h	28	3	17
F. pakhrensis Rauser 巴克尔纺锤蝬	C_2h	29	6	12
F. paradistenta rhombidalis G. X. Chen (subsp. nov.) 拟膨胀纺锤蝬菱形亚种（新亚种）	C_2h	29	6	2、3
F. pseudokonnoi Sheng 假今野氏纺锤蝬	C_2h	29	6	11
F. pseudokonnoi var. *longa* Sheng 假今野氏纺锤蝬长型变种	C_2h	29	6	5
F. schellwieni (Staff) 谢尔文氏纺锤蝬	C_2h	30	6	1
F. teilhardi (Lee) 德日进氏纺锤蝬	C_2h	30	3	16
F. ulitinensis Rauser 乌利丁纺锤蝬	C_2h	30	6	6、7
Fusulinella Moeller, 1877 小纺锤蝬属		21		

F. *asiatica* Igo　亚洲小纺锤蝬	C_2h	21	5	11
F. *bocki* Moeller　薄克氏小纺锤蝬	C_2h	21	4	10
F. *bocki* var. *pauciseptata* Rauser 薄克氏纺锤蝬少隔壁变种	C_2h	21	4	14
F. *bocki rotunda* Ishii　薄克氏小纺锤蝬圆形亚种	C_2h	22	4	16
F. *bocki* var. *timanica* Rauser 薄克氏小纺锤蝬蒂曼变种	C_2h	22	4	11
F. *cumpani* Putrja　坎潘氏小纺锤蝬	C_2h	22	5	13
F. *devexa* Thompson　倾斜小纺锤蝬	C_2h	22	3	12
F. *eopulchra* Rauser　始美丽小纺锤蝬	C_2h	22	3	10
F. *famula* Thompson　奴隶小纺锤蝬	C_2h	23	4	6
F. *fittsi* Thompson　菲茨氏小纺锤蝬	C_2h	23	4	12
F. *fluxa* (Lee et Chen)　松柔小纺锤蝬	C_2h	23	5	15
F. *fusiformis* Yao　筳状小纺锤蝬	C_2h	23	5	16
F. *helenae* Rauser　海伦氏小纺锤蝬	C_2h	23	3	15
F. *inusitata* Chen　罕见小纺锤蝬	C_2h	24	5	9、10
F. *laxa* Sheng　松卷小纺锤蝬	C_2h	24	5	2
F. *megachoma* Lin　大旋脊小纺锤蝬	C_2h	24	5	3
F. *mosquensis* Rauser　莫斯科小纺锤蝬	C_2h	24	3	9、14
F. *obesa* Sheng　肥小纺锤蝬	C_2h	24	4	13、17
F. *paracolaniae* Safonova　拟柯兰妮氏小纺锤蝬	C_2h	25	4	15
F. *praebocki* Rauser　前薄克氏小纺锤蝬	C_2h	25	5	14
F. *provecta* Sheng　高级小纺锤蝬	C_2h	25	5	6
F. *provecta regina* Chen　高级小纺锤蝬珍贵亚种	C_2h	25	3	11
F. *pseudobocki* (Lee et Chen)　假薄克氏小纺锤蝬	C_2h	25	5	4、5、7
F. *pseudoschwagerinoides* Putrja 假希瓦格筳状小纺锤蝬	C_2h	26	3	13
F. *rara* Shlykova　拉拉小纺锤蝬	C_2h	26	5	12
F. *soligalichi* Dalmatskaja　索利加利奇氏小纺锤蝬	C_2h	26	5	8
F. *vozhgalensis* Safonova　伏芝加尔小纺锤蝬	C_2h	26	5	17
F. *vozhgalensis* var. *molokovensis* Rauser 伏芝加尔小纺锤蝬摩洛可夫变种	C_2h	27	5	18
F. *xianningensis* Chen　咸宁小纺锤蝬	C_2h	27	4	8、9

H

化石名称	层位	页	图版	图
Hubeiella Lin，1977　湖北蝬属		56		

化石名称	层位	页	图版	图
H. simplex Lin 简单湖北䗴	P_2m	56	14	15～17

K

化石名称	层位	页	图版	图
Kahlerina Kochansky-Devidė et Ramovš，1955 卡勒䗴属		56		
K. minima Sheng 微小卡勒䗴	P_2m	56	14	8
K. sinensis Sheng 中华卡勒䗴	P_2m	56	14	7

L

化石名称	层位	页	图版	图
Leella Dunbar et Skinner，1937 李氏䗴属		31		
L. hubeiensis G. X. Chen (sp. nov.) 湖北李氏䗴（新种）	P_3l	31	16	12～14

M

化石名称	层位	页	图版	图
Micronemaites Sin et Liu，1978 微线虫属		77		
M. formosus Sin et Liu 美丽微线虫	Z_2 Є_1dn	77	25	15、16
Misellina Schenck et Thompson，1940 米斯䗴属		59		
M. aliciae (Deprat) 阿丽西氏米斯䗴	P_2q	60	20	5
M. claudiae (Deprat) 喀劳得氏米斯䗴	P_2q	60	18	5～7
M. ovalis (Deprat) 卵形米斯䗴	P_2q	60	18	8、9
Monodiexodina Sosnna，1956 单通道䗴属		40		
M. dawangdianensis G. X. Chen (sp. nov.) 大王殿单通道䗴（新种）	P_2q	40	8	1、2

N

化石名称	层位	页	图版	图
Nankinella Lee，1933 南京䗴属		49		
N. bellus G. X. Chen (sp. nov.) 优美南京䗴（新种）	P_3l	49	16	1～3
N. enanensis G. X. Chen (sp. nov.)				

化石名称	层位	页	图版	图
鄂南南京蜓（新种）	P_3l	50	16	6
N. globularis Chen 似球形南京蜓	P_2q	50	15	8
N. hupehensis Yao 湖北南京蜓	P_2q	50	14	4
N. leshanica Chang et Wang 乐山南京蜓	P_2q	50	15	9
N. orbicularia Lee 圆形南京蜓	P_2q	51	14	3
N. prolixa G. X. Chen (sp. nov.)				
伸长南京蜓（新种）	P_3l	51	16	7、8
N. puqiensis G. X. Chen (sp. nov.)				
蒲圻南京蜓（新种）	P_3l	51	16	4、5
N. quasidiscoides Ding 似盘形南京蜓	P_2q	51	14	5
N. quasidiscoides obesa Ding 似盘形南京蜓肥壮亚种	P_2q	52	14	6
Neomisellina Sheng，1963 新米斯蜓属		61		
N. brevicylindrica Liu et al. 短圆筒形新米斯蜓	P_2m	61	20	2、3
N. compacta (Chen) 紧卷新米斯蜓	P_2m	61	20	8
N. delicata Yang 优美新米斯蜓	P_2m	61	20	4
N. lepida (Schwager) 精致新米斯蜓	P_2m	61	20	1、6
N. misellinoides G. X. Chen (sp. nov.)				
米斯筳状新米斯蜓（新种）	P_2m	62	20	9～13
N. shizhuensis Yang 石柱新米斯蜓	P_2m	62	20	7
Neoschwagerina Yabe，1903 新希瓦格蜓属		64		
N. craticulifera (Schwager) 网格状新希瓦格蜓	P_2m	64	21	6、7
N. enshiensis Lin 恩施新希瓦格蜓	P_2m	64	19	2
N. fusiformis Skinner et Wilde 筳状新希瓦格蜓	P_2m	64	19	3
N. haydeni Dutkevich et Khabakov 海登氏新希瓦格蜓	P_2m	65	21	2
N. kueichowensis Sheng 贵州新希瓦格蜓	P_2m	65	21	5
N. simplex Ozawa 简单新希瓦格蜓	P_2m	65	21	9
N. tebagaensis Skinner et Wilde 特巴加新希瓦格蜓	P_2m	65	21	4

O

化石名称	层位	页	图版	图
Orientoschwagerina A. M. –Maclay，1955				
东方希瓦格蜓属		45		
O. abichi A. M. –Maclay 阿贝希东方希瓦格蜓	P_2m	47	12	7
O. globosa G. X. Chen (sp. nov.)				
球形东方希瓦格蜓（新种）	P_2m	46	12	6
O. sphaeroidea G. X. Chen (sp. nov.)				
似球形东方希瓦格蜓（新种）	P_2m	45	12	1、2

O. yuananensis G. X. Chen (sp. nov.) 远安东方希瓦格蜓（新种）	P_2m	46	12	3～5
Ozawainella Thompson，1935　小泽蜓属		7		
O. angulata (Colani)　角状小泽蜓	C_2h	7	1	8
O. globoides G. X. Chen (sp. nov.) 似球形小泽蜓（新种）	C_2h	8	1	11
O. magna Sheng　巨小泽蜓	C_2h	7	1	9、10
O. vozhgalica Safonova　伏芝加尔小泽蜓	C_2h	8	1	12

P

化石名称	层位	页	图版	图
Palaeofusulina Depart，1912　古纺锤蜓属		16		
P. bella Sheng　优美古纺锤蜓	P_3d	17	3	1
P. evoluta (Chen)　外旋古纺锤蜓	P_3d	17	3	5
P. fluxa Chen　松柔古纺锤蜓	P_3w	17	2	9～11
P. fluxa cervicalis G. X. Chen (subsp. nov) 松柔古纺锤蜓枕状亚种（新亚种）	P_3w	17	2	12～14
P. nana Likharev　矮小古纺锤蜓	P_2x、P_3d	17	3	2、3
P. parafusiformis Lin　拟筳状古纺锤蜓	P_3w	18	3	7
P. ? *simplicata* Sheng　简单褶皱古纺锤蜓？	P_3w	18	3	8
P. sinesis Sheng　中华古纺锤蜓	P_3d	18	3	4
P. wangi Sheng　王氏古纺锤蜓	P_3d	18	3	6
Parafusulina Dunbar et Skinner，1931　拟纺锤蜓属		45		
P. hubeiensis Chen　湖北拟纺锤蜓	P_2q	45	12	8、9
Paraverbeekina A. M. –Maclay，1955　拟费伯克蜓属		59		
P. akasakensis (Thompson)　赤板拟费伯克蜓	P_2m	59	18	2
P. umbilicata Sheng　有脐拟费伯克蜓	P_2m	59	18	4
Pisolina Lee，1933　豆蜓属		53		
P. excessa Lee　巨初房豆蜓	P_2q	53	14	11、12
P. ? *intermedia* Ding　中间型豆蜓？	P_2q	54	15	1
P. simplex Yang　简单豆蜓	P_2q	54	15	16
P. staffellinoides Chang et Wang　史塔夫筳状豆蜓	P_2q	54	15	15
P. subspherica Sheng　亚球形豆蜓	P_2q	53	14	13
P. subspherica ellipsoidalis Ding 亚球形豆蜓近椭圆形亚种	P_2q	53	14	14
P. yanwanggouensis Chang et Wang　阎王沟豆蜓	P_2q	53	15	17
Profusulinella Rauser，Beljave et Reytlinger，1936				

化石名称	层位	页	图版	图
原小纺锤蜓属		19		
P. *constans* Safonova　不变原小纺锤蜓	C_2h	19	4	3
P. *jomdaensis* Chen J. R. 江达原小纺锤蜓	C_2h	19	4	2
P. *munda* Thompson　整饰原小纺锤蜓	C_2h	19	4	7
P. *parva* (Lee et Chen)　小原小纺锤蜓	C_2h	20	4	5
P. *priscoidea* Rauser　近原始原小纺锤蜓	C_2h	20	5	1
Protopharetra Bornemann，1884　始箭筒古杯属		73		
P. sp. 始箭筒古杯（未定种）	$Є_2t$	73	24	7、8
Pseudodoliolina Yabe et Hanzawa，1932　假桶蜓属		62		
P. *chinghaiensis* Sheng　青海假桶蜓	P_2m	63	19	8
P. *ozawai* Yabe et Hanzawa　小泽氏假桶蜓	P_2m	63	19	5
P. *pseudolepida* (Deprat)　假精致假桶蜓	P_2m	63	19	4
P. *pulchra* Sheng　美丽假桶蜓	P_2m	63	19	9
Pseudoendothyra Mikhaylov，1939　假内卷蜓属		9		
P. *jiayuensis* G. X. Chen (sp. nov.) 嘉鱼假内卷蜓（新种）	P_1c	10	14	1
P. *qianxiensis* Chang　黔西假内卷蜓	P_1c	10	15	2、3
P. *vlerki* Van Ginkel　魏勒克氏假内卷蜓	P_1c	10	14	2
Pseudofusulina Dunbar et Skinner，1931　假纺锤蜓属		44		
P. *kraffti* (Schellwien)　克腊夫特氏假纺锤蜓	P_2q	45	19	10、11
Pseudostaffella Thompson，1942　假史塔夫蜓属		10		
P. *confusa* (Lee et Chen)　混淆假史塔夫蜓	C_2h	10	1	15
P. *ozawai* (Lee et Chen)　小泽氏假史塔夫蜓	C_2h	11	1	17
P. *parasphaeroidea* (Lee et Chen)　拟似球形假史塔夫蜓	C_2h	11	1	13、14
P. *sphaeroidea* (Ehrenberg)　似球形假史塔夫蜓	C_2h	11	1	16

R

化石名称	层位	页	图版	图
Reichelina Erk，1941，emend. K. M. -Maclay，1951 拉且尔蜓属		8		
R. *changhsingensis* Sheng et Chang　长兴拉且尔蜓	P_3d	8	1	18
R. *cribroseptata* Erk　筛壁拉且尔蜓	P_3d、P_3x	9	1	23
R. *laxa* G. X. Chen (sp. nov.)　宽松拉且尔蜓（新种）	P_2w	9	1	21、22
R. *simplex* Sheng　简单拉且尔蜓	P_3w、P_3x	9	1	19
R. *tenuissima* K. M. -Maclay　柔拉且尔蜓	P_3d	9	1	20
Retecyathus Vologdin，1932　网格古杯属		71		
R. *communis* Yuan et S. G. Zhang　一般网格古杯	$Є_2t$	72	24	3、4

R. cf. *comptophragma* Vologdin 饰板网格古杯(相似种)	Є$_2t$	72	23	6、7
R. *kusmini* Vologdin 顾斯明网格古杯	Є$_2t$	72	23	10、11
R. *laqueus* Vologdin 蜂窝环网格古杯	Є$_2t$	72	23	12 ~ 14
R. *nitidus* Yuan et S. G. Zhang 美丽网格古杯	Є$_2t$	72	23	8、9
Retecyathus (*Pararetecyathus*) Yuan et S. G. Zhang, 1978 拟网格古杯亚属		73		
R. (*P*.) *curvatus* Yuan et S. G. Zhang 波曲拟网格古杯	Є$_2t$	73	24	9 ~ 12
Rugososchwagerina A. M. –Maclay, 1959 皱希瓦格蜓属		47		
R. *chinensis* (Chen) 中华皱希瓦格蜓	P_2m	47	10	3
R. *brevibola* (Chen) 短极皱希瓦格蜓	P_2m	48	13	7、8
R. *fosteri* (Thompson et Miller) 福斯特氏皱希瓦格蜓	P_2m	47	13	9、10
R. *quasifosteri* (Sheng) 似福斯特氏皱希瓦格蜓	P_2m	48	13	4
R. *shengi* (Chen) 盛氏皱希瓦格蜓	P_2m	48	13	6
R. *zhongguoensis* Chen 中国皱希瓦格蜓	P_2m	48	13	5
R. *zhongguoensis minor* G. X. Chen (subsp. nov.) 中国皱希瓦格蜓较小亚种(新亚种)	P_2m	48	13	1 ~ 3
R. sp. 皱希瓦格蜓(未定种)	P_2m	49	19	1

S

化石名称	层位	页	图版	图
Sagenaporellachitina 网孔几丁虫属		76		
S. sp. 网孔几丁虫(未定种)	Z_2Є$_1dn$	76	25	2
Sanxiacyathus Yuan et S. G. Zhang, 1977 三峡古杯属		73		
S. *hubeiensis* Yuan et S. G. Zhang 湖北三峡古杯	Є$_2t$	74	24	1、2
S. *typus* Yuan et S. G. Zhang 标准三峡古杯	Є$_2t$	74	24	5、6
Schubertella Staff et Wedekind, 1910 苏伯特蜓属		11		
S. *lata cylindrica* G. X. Chen (subsp. nov.) 宽松苏伯特蜓筒形亚种(新亚种)	C_2h	11	1	27、28
S. *lata* var. *elliptica* Sheng 宽松苏伯特蜓椭圆变种	C_2h	12	1	26
S. *obscura* Lee et Chen 昧苏伯特蜓	C_2h	12	1	24、25
S. *pseudosimplex* Sheng 假简单苏伯特蜓	P_2q	12	1	30、33
S. *sichuanensis* Chen J. R. 四川苏伯特蜓	C_2h	12	1	31
S. *subkingi* Putrja 亚金氏苏伯特蜓	C_2h	13	1	29
S. *tongshanensis* G. X. Chen (sp. nov.)				

通山苏伯特蜓（新种）	C_2h	13	1	32
S. *tranitoria* Staff et Wedekind　横苏伯特蜓	C_2h	13	1	34、35
Schwagerina Moeller，1877　希瓦格蜓属		33		
S. *chihsiaensis* (Lee)　栖霞希瓦格蜓	P_2q	33	7	5、6
S. *compacta* (White)　紧卷希瓦格蜓	P_2m	33	7	13
S. *granum-avenae* (Roemer)　燕麦希瓦格蜓	P_2m	33	10	4
S. *hupehensis* Chen　湖北希瓦格蜓	P_2m	34	10	8
S. *jingshanensis* G. X. Chen (sp. nov.)				
京山希瓦格蜓（新种）	P_2m	34	9	4～6
S. *jingshanensis fusiformis* G. X. Chen (subsp. nov.)				
京山希瓦格蜓筳状亚种（新亚种）	P_2m	34	9	7
S. *kwangchiensis* Chen　广济希瓦格蜓	P_2m	35	7	1
S. *longipertica* Chen　细长极希瓦格蜓	P_2m	35	19	7
S. *longitermina* Chen　长极希瓦格蜓	P_2m	35	9	8
S. *multialveola* Chen　多孔希瓦格蜓	P_2m	35	7	12
S. *multialveola longa* Ding　多孔希瓦格蜓长形亚种	P_2m	36	7	8
S. *pactiruga* Chen　狭褶希瓦格蜓	P_2m	36	9	2
S. *parayüi* G. X. Chen (sp. nov.)				
拟俞氏希瓦格蜓（新种）	P_2m	36	19	6
S. *parayunnanensis* Sheng　拟云南希瓦格蜓	P_2m	36	9	3
S. *pingdingensis* Sheng　平定希瓦格蜓	P_2m	37	9	10
S. *pseudocompacta* Sheng　假紧卷希瓦格蜓	P_2m	37	7	11
S. *quasibrevipola* Sheng　似短极希瓦格蜓	P_2m	37	9	9
S. *quasipactiruga* Yang　似狭褶希瓦格蜓	P_2m	37	9	1
S. *quasivulgaris* Lin　似平常希瓦格蜓	P_1c	37	7	7
S. *quasiziguiensis* G. X. Chen (sp. nov.)				
似秭归希瓦格蜓（新种）	P_2m	38	8	7
S. *serrata* Ding　锯状希瓦格蜓	P_2m	38	8	8
S. *serrata comferta* Ding　锯状希瓦格蜓紧密亚种	P_2m	38	8	6
S. *solila* Skinner　健美希瓦格蜓	P_2m	39	7	4
S. *tienchiaensis* Chen　田家希瓦格蜓	P_2m	39	7	10
S. *xianfengensis* G. X. Chen (sp. nov.)				
咸丰希瓦格蜓（新种）	P_2m	39	8	3～5
S. *yüi* Chen　俞氏希瓦格蜓	P_2m	40	10	9
S. *ziguiensis* Ding　秭归希瓦格蜓	P_2m	40	8	9
Scolithus Hiek　石针虫属		77		
S. sp.　石针虫（未定种）	Z_2Є$_1dn$	77	26	7
Sphaerulina Lee，1933　球蜓属		52		
S. *crassispira* Lee　厚壁球蜓	P_2q	52	15	10

S. *hubeiensis* G. X. Chen (sp. nov.) 湖北球蜓(新种)	P_2q	52	14	9、10
S. *leshanica* Chang et Wang　乐山球蜓	P_2q	53	15	11
Spiculae　海绵骨针	Z_1d、Z_2Є$_1dn$	75	25	3～5 11～13
Staffella Ozawa, 1925　史塔夫蜓属		54		
S. cf. *breimeri* Van Ginkel 布雷姆氏史塔夫蜓(相似种)	C_2h	54	15	13
S. *dagmarae* Dutkevich　达格马史塔夫蜓	P_2q	55	15	4
S. *gigantea* Chang et Wang　巨史塔夫蜓	P_2q	55	15	12
S. *pseudosphaeroidea* Dutkevich　假似球形史塔夫蜓	P_1c	55	15	5、6
S. *rabanalensis* Van Ginkel　腊巴纳尔史塔夫蜓	P_1c	55	15	7
S. cf. *umbilicaris* Sheng et Sun 有脐史塔夫蜓(相似种)	P_2q	55	15	14
Sumatrina Volz, 1904　苏门答腊蜓属		68		
S. *annae* Volz　安娜苏门答腊蜓	P_2m	68	22	11
S. *fusiformis* Sheng　筵状苏门答腊蜓	P_2m	68	22	12
S. *fusiformis gigantea* Lin　筵状苏门答腊蜓巨型亚种	P_2m	68	22	10
S. *longissima* Deprat　长苏门答腊蜓	P_2m	69	22	8、9

T

化石名称	层位	页	图版	图
Taitzehoella Sheng, 1951　太子河蜓属		20		
T. *taitzehoensis* var. *extensa* Sheng 太子河太子河蜓延伸变种	C_2h	21	4	4

V

化石名称	层位	页	图版	图
Verbeekina Staff, 1909　费伯克蜓属		57		
V. *grabaui* Thompson et Foster　葛利普氏费伯克蜓	P_2q、P_2m	58	17	3、6
V. *heimi* Thompson et Foster　哈姆氏费伯克蜓	P_2m	58	17	8
V. *sphaera* Ozawa　球形费伯克蜓	P_2q	58	17	4、5
V. *tenuispira* Sheng　薄壁费伯克蜓	P_2m	58	17	7
V. *verbeeki* (Geinitz)　费伯克氏费伯克蜓	P_2m	59	17	1、2
V. *xintanensis* Ding　新滩费伯克蜓	P_2m	59	18	1

Y

化石名称	层位	页	图版	图
Yabeina Deprat，1914　矢部蜓属		66		
Y．*gubleri* Kanmera　顾伯勒氏矢部蜓	P_2m	66	21	1、3
Y．*shiraiwensis* Ozawa　白岩矢部蜓	P_2m	66	21	10
Y．*xintanensis* Ding　新滩矢部蜓	P_2m	66	21	8
Yangchienia Lee，1933　杨铨蜓属		30		
Y．*kwangsiensis* Chen　广西杨铨蜓	P_2m	30	6	13

Z

化石名称	层位	页	图版	图
Ziguiella Lin，1981　秭归蜓属		18		
Z．*quasicylindrica* (Ding)　似筒形秭归蜓	P_3d	19	2	8

磷质介壳动物	Z_2-C_1dn	76	25	6
痕迹化石	Z_2-C_1dn	76	25	14

三、图版说明

图 版 1

1．*Eostaffella anhuiana hubeiensis* G．X．Chen (subsp．nov．) (6页)

轴切面，×80，Fu 1，正型；C_1h

2．*Eostaffella hohsienica* Chang (6页)

轴切面，×80，Fu 2；C_1h

3．*Eostaffella parastruvei* var．*chusovensis* Kireeva (7页)

轴切面，×100；C_1h

4～6．*Eostaffella yangxinensis* G．X．Chen (sp．nov．) (7页)

3个轴切面，均×50；5．Fu3，正型；4、6．Fu4、5，副型；C_2h

7．*Eostaffella evolutis* Rosovskaya (6页)

轴切面，×80，Fu14；C_1h

8．*Ozawainella angulata* (Colani) (7页)

轴切面，×80，Fu12；C_2h

9、10．*Ozawainella magna* Sheng (7页)

2个轴切面，均×40，Fu6、7；C_2h

11．*Ozawainella globoides* G．X．Chen (sp．nov．) (8页)

轴切面，×40，Fu13；C_2h

12．*Ozawainella vozhgaliea* Safonova (8页)

轴切面，×50，Fu10；C_2h

13、14．*Pseudostaffella parasphaeroidea* (Lee et Chen) (11页)

2个轴切面；13．×25，Fu23；14．×30，Fu24；C_2h

15．*Pseudostaffella confusa* (Lee et Chen) (10页)

轴切面，×30，Fu22；C_2h

16．*Pseudostaffella sphaeroidea* (Ehrenberg) (11页)

轴切面，×30，Fu20；C_2h

17．*Pseudostaffella ozawai* (Lee et Chen) (11页)

轴切面，×30，Fu21；C_2h

18．*Reichelina changhsingensis* Sheng et Chang (8页)

轴切面，×60；P_3d

19．*Reichelina simplex* Sheng (9页)

轴切面，×60；P_3w

20．*Reichelina tenuissima* K．M．–Maclay (9页)

轴切面，×80；P_3d

21、22．*Reichelina laxa* G．X．Chen (sp．nov．) (9页)

21．轴切面，×60，Fu18，正型；22．近轴切面，×60，Fu19，副型；P_3w

23．*Reichelina cribroseptata* Erk． (9页)

轴切面，×60；P_3d

24、25．*Schubertella obscura* Lee et Chen (12页)

2个轴切面，均×40，24．Fu308；C_2h

26．*Schubertella lata* var．*elliptica* Sheng (12页)

轴切面，×40，Fu306；C_2h

27、28．*Schubertella lata cylindrica* G．X．Chen (subsp．nov．) (11页)

2个轴切面，均×40；27．Fu302，副型；28．Fu301，正型；C_2h

29．*Schubertella subkingi* Putrja (13页)

轴切面，×35；C_2h

30、33．*Schubertella pseudosimplex* Sheng (12页)

2个轴切面，均×50，Fu303、304；P_2q

31．*Schubertella sichuanensis* Chen J．R． (12页)

轴切面，×40，Fu305；C_2h

32．*Schubertella tongshanensis* G．X．Chen (sp．nov．) (13页)

轴切面，×50，Fu312，正型；C_2h

34、35．*Schubertella tranitoria* Staff et Wedekind (13页)

2个轴切面，均×30，Fu313、314；C_2h

36．*Fusiella typica* var．*extensa* Rauser (14页)

轴切面，×30；C_2h

37．*Fusiella praetypica* Safonova (14页)

轴切面，×35，Fu315；C_2h

图　版　2

1、21、22．*Codonofusiella paradoxica* Dunbar et Skinner (15页)

1、21．轴切面；1．×50，Fu323；21．×40；22．中切面，×40；P_3w

2、6．*Codonofusiella lui* Sheng (15页)

2个轴切面；2．×30；6．×40，Fu319；P_3w

3～5．*Codonofusiella songziensis* G．X．Chen (sp．nov．) (16页)

3、4．轴切面，均×50；3．Fu324，正型；4．Fu326，副型；

5．中切面，×50，Fu325；P_3x

7．*Codonofusiella schubertelloides* Sheng (16页)

轴切面，×60，Fu318；P_3x

8．*Ziguiella quasicylindrica* (Ding) (19页)

轴切面，×20；P_3d

9～11．*Palaeofusulina fluxa* Chen (17页)

9、10．轴切面，均×30；11．中切面，×30，Fu300；P_3w

12～14. *Palaeofusulina fluxa cervicalis* G. X. Chen (subsp. nov.) (17页)

12、14. 轴切面，均 ×25，Fu327、328；12. 副型；14. 正型；

13. 中切面，×30，Fu329，副型；P_3w

15. *Codonofusiella pseudolui* Sheng (15页)

轴切面，×40；P_3w

16. *Codonofusiella ? globoides* Rui (15页)

轴切面，×60，Fu320；P_3x

17. *Codonofusiella ovalis* Yang (16页)

轴切面，×50，Fu332；P_3x

18. *Codonofusiella paradoxica hubeiensis* Lin (15页)

轴切面，×40；P_3w

19～20. *Codonofusiella prolata* Rui (16页)

2个轴切面，均 ×50，Fu321、322；P_3x

23. *Fusiella pulchella* Safonova (14页)

轴切面，×25；C_2h

24. *Fusiella typica* Lee et Chen (14页)

轴切面，×20；C_2h

25. *Fusiella paradoxa* Lee et Chen (13页)

轴切面，×30，Fu316；C_2h

图 版 3

1. *Palaeofusulina bella* Sheng (17页)

轴切面，×20；P_3d

2、3. *Palaeofusulina nana* Likharev (17页)

2个轴切面，均 ×25，Fu330、331；P_3x、P_3d

4. *Palaeofusulina sinensis* Sheng; (18页)

轴切面，×20；P_3d

5. *Palaeofusulina evolula* (Chen) (17页)

轴切面，×30，Fu333；P_3d

6. *Palaeofusulina wangi* Sheng (18页)

轴切面，×20；P_3d

7. *Palaeofusulina parafusiformis* Lin (18页)

轴切面，×20；P_3d

8. *Palaeofusulina ? simplicata* Sheng (18页)

轴切面，×20；P_3w

9、14. *Fusulinella mosquensis* Rauser (24页)

2个轴切面，均 ×15，Fu62、63；C_2h

10．*Fusulinella eopulchra* Rauser (22页)

轴切面，×15；C_2h

11．*Fusulinella provecta regina* Chen (25页)

轴切面，×15；C_2h

12．*Fusulinella devexa* Thompson (22页)

轴切面，×15，Fu60；C_2h

13．*Fusulinella pseudoschwagerinoides* Putrja (26页)

轴切面，×15，Fu61；C_2h

15．*Fusulinella helenae* Rauser (23页)

轴切面，×15；C_2h

16．*Fusulina teilhardi* (Lee) (30页)

轴切面，×15，Fu79；C_2h

17．*Fusulina nytvica* Safonova (28页)

轴切面，×20；C_2h

18．*Fusulina elegans* Rauser et Beljaev (27页)

轴切面，×20；C_2h

图　版　4

1．*Aljutovella fallax* Rauser (20页)

轴切面，×30，Fu41；C_2h

2．*Profusulinella jomdaensis* Chen J．R． (19页)

轴切面，×25，Fu42；C_2h

3．*Profusulinella constans* Safonova (19页)

轴切面，×25，Fu43；C_2h

4．*Taitzehoella taitzehoensis* var．*extensa* Sheng (21页)

轴切面，×30，Fu44；C_2h

5．*Profusulinella parvac* (Lee et Chen) (20页)

轴切面，×30，Fu45；C_2h

6．*Fusulinella famula* Thompson (23页)

轴切面，×20，Fu47；C_2h

7．*Profusulinella munda* Thompson (19页)

轴切面 ×15，Fu46；C_2h

8、9．*Fusulinella xianningensis* Chert (27页)

2个轴切面，均 ×20；C_2h

10．*Fusulinella bocki* Moeller (21页)

轴切面，×20；C_2h

11．*Fusulinella bocki* var．*timanica* Rauser (22页)

轴切面，×15，Fu48；C_2h

12．*Fusulinella fittsi* Thompson (23页)

轴切面，×27；C_2h

13、17．*Fusulinella obesa* Sheng (24页)

2个轴切面；13．×20，Fu49；17．×25，Fu50；C_2h

14．*Fusulinella bocki* var．*pauciseptata* Rauser (21页)

轴切面，×20；C_2h

15．*Fusulinella paracolaniae* Safonova (25页)

轴切面，×30；C_2h

16．*Fusulinella boeki rotunda* Ishii (22页)

轴切面，×20，Fu51；C_2h

图 版 5

1．*Profusulinella priscoidea* Rauser (20页)

轴切面，×25，Fu52；C_2h

2．*Fusulinella laxa* Sheng (24页)

轴切面，×20，Fu53；C_2h

3．*Fusulinella megachoma* Lin (24页)

轴切面，×15；C_2h

4、5、7．*Fusulinella pseudobocki* (Lee et Chen) (25页)

3个轴切面；4．×20；5、7．均×15；5．Fu54；C_2h

6．*Fusulinella provecta* Sheng (25页)

轴切面，×15；C_2h

8．*Fusulinella soligalichi* Dalmatskaja (26页)

轴切面，×15，Fu55；C_2h

9、10．*Fusulinella inusitata* Chen (24页)

2个轴切面，均×15；C_2h

11．*Fusulinella asiatica* Igo (21页)

轴切面，×15，Fu56；C_2h

12．*Fusulinella rara* Shlykova (26页)

轴切面，×15，Fu57；C_2h

13．*Fusulinella cumpani* Putrja (22页)

轴切面，×15；C_2h

14．*Fusulinella praebocki* Rauser (25页)

轴切面，×20，Fu58；C_2h

15．*Fusulinella fluxa* (Lee et Chen) (23页)

轴切面，×15；C_2h

16．*Fusulinella fusiformis* Yao (23页)

轴切面，×30；C_2h

17．*Fusulinella vozhgalensis* Safonova (26页)

轴切面，×20；C_2h

18．*Fusulinella vozhgalensis* var．*molokovensis* Rauser (27页)

轴切面，×25，Fu59；C_2h

图　版　6

1．*Fusulina schellwieni* (Staff) (30页)

轴切面，×15，Fu69；C_2h

2、3．*Fusulina paradistenta rhombidalis* G．X．Chen (subsp．nov．) (29页)

2个轴切面，均×15；2．Fu67，正型；3．Fu68，副型；C_2h

4．*Fusulina konnoi* (Ozawa) (28页)

轴切面，×20；C_2h

5．*Fusulina pseudokonnoi* var．*longa* Sheng (29页)

轴切面，×15，Fu83；C_2h

6、7．*Fusulina ulitinensis* Rauser (30页)

2个轴切面，均×15，Fu75、76；C_2h

8．*Fusulina lanceolata* Lee et Chen (28页)

轴切面，×15，Fu82；C_2h

9．*Fusulina elongata* G．X．Chen (sp．nov．) (27页)

轴切面，×15，Fu74，正型；C_2h

10．*Fusulina hubeiensis* Chen (28页)

轴切面，×15；C_2h

11．*Fusulina pseudokonnoi* Sheng (29页)

轴切面，×15；C_2h

12．*Fusulina pakhrensis* Rauser (29页)

轴切面，×20，Fu71；C_2h

13．*Yangchicnia kwangsiensis* Chen (30页)

近轴切面，×20，Fu331；P_2m

14．*Eoparafusulina elliptica* (Lee) (32页)

轴切面，×15，Fu409；P_1c

15．*Eoparafusulina bellula* Skinner et Wilde (32页)

轴切面，×15，Fu401；P_1c

16．*Eoparafusulina bella* (Chen) (31页)
轴切面，×15，Fu406；P_1c

17．*Eoparafusulina ovatoides* Liu et al. (32页)
轴切面，×15，Fu410；P_1c

18．*Eoparafusulina parashengi* (Chang) (33页)
轴切面，×15，Fu402；P_1c

图版 7

1．*Schwagerina kwangchiensis* Chen (35页)
轴切面，×15；P_2m

2．*Eoparafusulina contracta* (Schellwien) (32页)
轴切面，×15，Fu407；P_1c

3．*Eoparafusulina ovata* (Chang) (32页)
轴切面，×15，Fu411；P_1c

4．*Schwagerina solila* Skinner (39页)
轴切面，×15，Fu416；P_2m

5、6．*Schwagerina chihsiaensis* (Lee) (33页)
2个轴切面，均×15，Fu422、423；P_2q

7．*Schwagerina quasivulgaris* Lin (37页)
轴切面，×15，Fu412；P_1c

8．*Schwagerina multialveola longa* Ding (36页)
轴切面，×10；P_2m

9．*Chusenella henbesti* (Chen) (43页)
轴切面，×12；P_2m

10．*Schwagerina tienchiaensis* Chen (39页)
轴切面，×15；P_2m

11．*Schwagerina pseudocompacta* Sheng (37页)
轴切面，×20，Fu419；P_2m

12．*Schwagerina multialveola* Chen (35页)
轴切面，×15，Fu421；P_2m

13．*Schwagerina compacta* (White) (33页)
轴切面，×10，Fu449；P_2m

图 版 8

1、2. *Monodiexodina dawangdianensis* G. X. Chen (sp. nov.) (40页)

2个轴切面，均 ×10；1. Fu425，副型；2. Fu426，正型；P_2q

3～5. *Schwagerina xianfengensis* G. X. Chen (sp. nov.) (39页)

3个轴切面，均 ×10；3. Fu427，正型；4、5. Fu428、429，副型；P_2m

6. *Schwagerina serrata comferta* Ding (38页)

轴切面， ×10；P_2m

7. *Schwagerina quasiziguiensis* G. X. Chen (sp. nov.) (38页)

轴切面， ×10，Fu430，正型；P_2m

8. *Schwagerina serrata* Ding (38页)

轴切面， ×10；P_2m

9. *Schwagerina ziguiensis* Ding (40页)

轴切面， ×20；P_2m

图 版 9

1. *Schwagerina quasipactiruga* Yang (37页)

轴切面， ×10，Fu431；P_2m

2. *Schwagerina pactiruga* Chen (36页)

轴切面， ×10，Fu432；P_2m

3. *Schwagerina parayunnanensis* Sheng (36页)

轴切面， ×10，Fu433；P_2m

4～6. *Schwagerina jingshanensis* G. X. Chen (sp. nov.) (34页)

3个轴切面，均 ×10；4. Fu434，正型；5、6，Fu435、436，副型；P_2m

7. *Schwagerina jingshanensis fusiformis* G. X. Chen (subsp. nov.) (34页)

轴切面， ×10，Fu437，正型；P_2m

8. *Schwagerina longitermina* Chen (35页)

轴切面， ×10，Fu438；P_2m

9. *Schwagerina quasibrevipola* Sheng (37页)

轴切面， ×10，Fu439；P_2m

10. *Schwagerina pingdingensis* Sheng (37页)

轴切面， ×10，Fu440；P_2m

11. *Chusenella schwagerinaeformis* Sheng (43页)

轴切面， ×10，Fu441；P_2m

图　版　10

1、2．*Chusenella xiangxiensis* Ding　(44页)
2个轴切面，均 ×10；1．为原正型标本；2．Fu446；P_2m
3．*Rugososchwagerina chinensis* (Chen)　(47页)
轴切面，×10；P_2m
4．*Schwagerina granum–avenae* (Roemer)　(33页)
轴切面，×10；P_2m
5、6．*Chusenella wuhsüehensis* (Chen)　(44页)
2个轴切面，均 ×15；5．为原正型标本；6．Fu444；P_2m
7．*Chusenella plana* Ding　(43页)
轴切面，×10；P_2m
8．*Schwagerina hupehensis* Chen　(34页)
轴切面，×15；P_2m
9．*Schwagerina yüi* Chen　(40页)
轴切面，×15；P_2m
10．*Chusenella conicocylindrica* Chen　(41页)
轴切面，×10，Fu442；P_2m
11．*Chusenella conicocylindrica magna* Ding　(42页)
轴切面，×10；P_2m

图　版　11

1、5．*Chusenella sinensis* Sheng　(44页)
2个轴切面，均 ×10，Fu450、451；P_2m
2．*Chusenella douvillei* (Colani)　(42页)
轴切面，×10，Fu452；P_2m
3、4．*Chusenella globularis* (Gubler)　(42页)
2个轴切面，均 ×10，Fu453、454；P_2m
6、7．*Chusenella tieni* (Chen)　(44页)
2个轴切面，均 ×20，Fu455、456；P_2m
8～10．*Chusenella angulata* G. X. Chen (sp. nov.)　(41页)
3个轴切面；8．×15，Fu457，副型；9．×20，Fu458，副型；
10．×20，Fu459，正型；P_2m
11、12．*Chusenella shiqianensis* Liu et al.　(43页)
2个轴切面，均 ×10，Fu460、461；P_2m
13．*Chusenella ishanensis* (Hsü)　(42页)

轴切面，×10，Fu462；P_2m

14．*Chusenella huayunica* Chang （42页）

轴切面，×10，Fu463；P_2m

图 版 12

1、2．*Orientoschwagerina sphaeroidea* G．X．Chen (sp．nov．) （45页）

2个轴切面，均×15；1．Fu465，正型；2．Fu466，副型；P_2m

3～5．*Orientoschwagerina yuananensis* G．X．Chen (sp．nov．) （46页）

3个轴切面，均×10；3、5．Fu467、468，副型，4．Fu469，正型；P_2m

6．*Orientoschwagerina globosa* G．X．Chen (sp．nov．) （46页）

轴切面，×10，Fu470，正型；P_2m

7．*Orientoschwagerina abichi* A．M．–Maclay （47页）

轴切面，×10，Fu471；P_2m

8、9．*Parafusulina hubeiensis* Chen （45页）

2个轴切面，均×10，P_2q

图 版 13

1～3．*Rugososchwagerina zhongguoensis minor* G．X．Chen (subsp．nov．) （48页）

3个轴切面，均×10；1、3．Fu481、483，副型，2．Fu482，正型；P_2m

4．*Rugososchwagerina quasifosteri* (Sheng) （48页）

轴切面，×10，Fu484；P_2m

5．*Rugososchwagerina zhongguoensis* Chen （48页）

轴切面，×10；P_2m

6．*Rugososchwagerina shenyi* (Chen) （48页）

轴切面，×10，Fu485；P_2m

7、8．*Rugososchwagerina brevibola* (Chen) （48页）

2个轴切面，均×10，Fu486、487；P_2m

9、10．*Rugososchwagerina fosteri* (Thompson et Miller) （47页）

2个轴切面，均×10，Fu488、489，P_2m

图 版 14

1．*Pseudoendothyra jiayuensis* G．X．Chen (sp．nov．) （10页）

轴切面，×25，Fu212，正型；P_1c

2．*Pseudoendothyra vlerki* Van Ginkel （10页）

轴切面，×30，Fu213；P_1c

3．*Nankinella orbicularia* Lee （51页）

轴切面，×15；P_2q

4．*Nankinella hupehensis* Yao （50页）

轴切面，×10；P_2q

5．*Nankinella quasidiscoides* Ding （51页）

轴切面，×15；P_2q

6．*Nankinella quasidiscoides obesa* Ding （52页）

轴切面，×15；P_2q

7．*Kahlerina sinensis* Sheng （56页）

轴切面，×30，Fu204；P_2m

8．*Kahlerina minima* Sheng （56页）

轴切面，×40，Fu205；P_2m

9、10．*Sphaerulina hubeiensis* G. X. Chen (sp. nov.) （52页）

2个轴切面；9．×15，Fu201，副型；10．×10，Fu202，正型；P_2q

11、12．*Pisolina excessa* Lee （53页）

11．轴切面，×15，原正型标本；12．轴切面，×15，Fu203；P_2q

13．*Pisolina subspherica* Sheng （53页）

轴切面，×10；P_2q

14．*Pisolina subspherica ellipsoidalis* Ding （53页）

轴切面，×15；P_2q

15～17．*Hubeiella simplex* Lin （56页）

15．中切面；16．轴切面，微球型；17．轴切面，显球型；均×20；P_2m

图 版 15

1．*Pisolina? intermedia* Ding （54页）

轴切面，×15；P_2q

2、3．*Pseudoendothyra qianxiensis* Chang （10页）

2个轴切面，均×30，Fu216、217；P_1c

4．*Staffella dagmarae* Dutkevich （55页）

轴切面，×50，Fu218；P_2q

5、6．*Staffella pseudosphaeroidea* Dutkevich （55页）

2个轴切面，均×25，Fu225、226；P_1c

7．*Staffella rabanalensis* Van Ginkel （55页）

轴切面，×30，Fu215；P_1c

8．*Nankinella globularis* Chen （50页）

轴切面，×10；P_2q

9．*Nankinella leshanica* Chang et Wang （50页）

轴切面，×13；P_2q

10．*Sphaerulina crassispira* Lee （52页）

轴切面，×25，Fu210；P_2q

11．*Sphaerulina leshanica* Chang et Wang （53页）

轴切面，×25；P_2q

12．*Staffella gigantea* Chang et Wang （55页）

轴切面，×15；P_2q

13．*Staffella* cf. *breimeri* Van Ginkel （54页）

轴切面，×30，Fu219；C_2h

14．*Staffella* cf. *umbilicaris* Sheng et Sun （55页）

轴切面，×25，Fu207；P_2q

15．*Pisolina staffellinoides* Chang et Wang （53页）

轴切面，×15，Fu214；P_2q

16．*Pisolina simplex* Yang （54页）

轴切面，×20，Fu222；P_2q

17．*Pisolina yanwanggouensis* Chang et Wang （54页）

轴切面，×25，Fu211；P_2q

图　版　16

1～3．*Nankinella bellus* G. X. Chen (sp. nov.) （49页）

3个轴切面，均×40；1.Fu241，正型；2、3. Fu242、243，副型；P_3l

4、5．*Nankinella puqiensis* G. X. Chen (sp. nov.) （51页）

2个轴切面，4.×25，Fu244，副型；5.×40，Fu245，正型；P_3l

6．*Nankinella enanensis* G. X. Chen (sp. nov.) （50页）

轴切面，×25，Fu246，正型；P_3l

7、8．*Nankinella prolixa* G. X. Chen (sp. nov.) （51页）

2个轴切面，均×40；7. Fu250，副型，8. Fu251，正型；P_3l

9～11．*Chenia chezhanensis* G. X. Chen (sp. nov.) （57页）

3个轴切面，均×25；10. Fu247，正型；9、11. Fu248、249，副型；P_3l

12～14．*Leella hubeiensis* G. X. Chen (sp. nov.) （31页）

3个轴切面，均×20；12、13. Fu261、262，副型；14. Fu263，正型；P_3l

图 版 17

1、2. *Verbeekina verbeeki* (Geinitz) (59页)
2个轴切面，均 ×10，Fu501、502；P_2m

3、6. *Verbeekina grabaui* Thompson et Foster (58页)
2个轴切面，均 ×10，Fu503、504；P_2q

4、5. *Verbeekina sphaera* Ozawa (58页)
2个轴切面，均 ×10，Fu505、506；P_2q

7. *Verbeekina tenuispira* Sheng (58页)
轴切面，×10，Fu507；P_2q

8. *Verbeekina heimi* Thompson et Foster (58页)
轴切面，×10，Fu508；P_2q

图 版 18

1. *Verbeekina xintanensis* Ding (59页)
轴切面，×10 ；P_2m

2. *Paraverbeekina akasakensis* (Thompson) (59页)
轴切面，×10，Fu510；P_2m

3. *Brevaxina ? lingloensis* Sheng (60页)
轴切面，×10，Fu212 ；P_2m

4. *Paraverbeekina umbilicata* Sheng (59页)
轴切面，×10，Fu511；P_2m

5～7. *Misellina claudiae* (Deprat) (60页)
5、6. 轴切面，均 ×20，Fu521、522 ；7. 中切面，×20，Fu523；P_2q

8、9. *Misellina ovalis* (Deprat) (60页)
2个轴切面，均 ×20，Fu527、528；P_2q

10、11. *Chenia exilis* Chen (57页)
2个轴切面，均 ×20；P_3w

图 版 19

1. *Rugososchwagerina* sp. (49页)
轴切面，×10；P_2m

2. *Neoschwagerina enshiensis* Lin (64页)
轴切面，×10；P_2m

3．*Neoschwagerina fusiformis* Skinner et Wilde (64页)

轴切面，×10；P_2m

4．*Pseudodoliolina pseudolepida* (Deprat) (63页)

轴切面，×10，Fu531；P_2m

5．*Pseudodoliolina ozawai* Yabe et Hanzawa (63页)

轴切面，×15，Fu237；P_2m

6．*Schwagerina parayüi* G．X．Chen (sp．nov．) (36页)

轴切面，×10，Fu413；P_2m

7．*Schwagerina longipertica* Chen (35页)

轴切面，×15；P_2m

8．*Pseudodoliolina chinghaiensis* Sheng (63页)

轴切面，×15，Fu535；P_2m

9．*Pseudodoliolina pulchra* Sheng (63页)

轴切面，×15，Fu534；P_2m

10、11．*Pseudofusulina kraffti* (Schellwien) (45页)

2个轴切面，均×10，Fu420、424；P_2q

图 版 20

1、6．*Neomisellina lepida* (Schwager) (61页)

2个轴切面，均×10，Fu541、545；P_2m

2、3．*Neomisellina brevicylndrica* Liu et al. (61页)

2个轴切面；2．×10，Fu542；3．×15，Fu543；P_2m

4．*Neomisellina delicata* Yang (61页)

轴切面，×10，Fu544；P_2m

5．*Misellina aliciae* (Deprat) (60页)

轴切面，×20，Fu529；P_2q

7．*Neomisellina shizhuensis* Yang (62页)

轴切面，×10，Fu546；P_2m

8．*Neomisellina compacta* (Chen) (61页)

轴切面，×15；P_2m

9～13．*Neomisellina misellinoides* G．X．Chen (sp．nov．) (62页)

均为轴切面，均×20；10．Fu547，正型；9、11～13．Fu548～551；P_2m

图 版 21

1、3. *Yabeina gubleri* Kanmera (66页)

2个轴切面，均 ×10；1. Fu561；P_2m

2. *Neoschwagerina haydeni* Dutkevich et Khabakov (65页)

轴切面， ×10，Fu562；P_2m

4. *Neoschwagerina tebagaensis* Skinner et Wilde (65页)

轴切面， ×10；P_2m

5. *Neoschwagerina kueichowensis* Sheng (65页)

轴切面， ×10，Fu563；P_2m

6、7. *Neoschwagerina craticulifera* (Schwager) (64页)

2个轴切面，均 ×20，Fu564、565；P_2m

8. *Yabeina xintanensis* Ding (66页)

轴切面， ×10；P_2m

9. *Neoschwagerina simplex* Ozawa (65页)

轴切面， ×15，Fu566；P_2m

10. *Yabeina shiraiwensis* Ozawa (66页)

轴切面， ×10；P_2m

图 版 22

1. *Afghanella schencki* Thompson (67页)

轴切面， ×15，Fu581；P_2m

2. *Afghanella simplex* Sheng (68页)

轴切面， ×20，Fu582；P_2m

3、4. *Afghanella lata* G. X. Chen (sp. nov.) (67页)

2个轴切面；3. ×15，Fu583，副型；4. ×20，Fu584，正型；P_2m

5～7. *Cancellina neoschwagerinoides* (Deprat) (64页)

3个轴切面，均 ×20，Fu585～587，7. 未成虫；P_2m

8、9. *Sumatrina longissima* Deprat (69页)

2个轴切面；8. ×10，Fu588；9. ×15；P_2m

10. *Sumatrina fusiformis gigantea* Lin (68页)

轴切面， ×10；P_2m

11. *Sumatrina annae* Volz (68页)

轴切面， ×20，Fu589；P_2m

12. *Sumatrina fusiformis* Sheng (68页)

轴切面， ×20，Fu590；P_2m

图　版　23

1．*Archaeocyathus hupehensis* Chi（70页）

横切面，×2；$\epsilon_2 t$

2、3．*Archaeocyathus yichangensis* Yuan et S．G．Zhang（70页）

2、3．均为横切面，均×4；$\epsilon_2 t$

4、5．*Archaeoeyathus tianhebanensis* Yuan et S．G．Zhang（71页）

4．横切面，×4；5．纵切面，×4；$\epsilon_2 t$

6、7．*Retecyathus* cf．*comptophragma* Vologdin（72页）

6．横切面，7．纵切面，均×3；$\epsilon_2 t$

8、9．*Retecyathus nitidus* Yuan et S．G．Zhang（72页）

8．横切面，9．纵切面，均×5；$\epsilon_2 t$

10、11．*Retecyathus kusmini* Vologdin（72页）

10．横切面，11．纵切面，均×3；$\epsilon_2 t$

12～14．*Retecyathus laqueus* Vologdin（72页）

12、13．均为横切面，14．纵切面，均×3；$\epsilon_2 t$

图　版　24

1、2．*Sanxiacyathus hubeiensis* Yuan et S．G．Zhang（74页）

1．纵切面，2．横切面，均×4；$\epsilon_2 t$

3、4．*Retecyathus communis* Yuan et S．G．Zhang（72页）

3．横切面，4．纵切面，均×4；$\epsilon_2 t$

5、6．*Sanxiacyathus typus* Yuan et S．G．Zhang（74页）

5．纵切面，6．横切面，均×2；$\epsilon_2 t$

7、8．*Protopharetra* sp.（73页）

7．斜横切面，8．斜切面，均×4；$\epsilon_2 t$

9～12．*Retecyathus* (*Pararetecyathus*) *curvatus* Yuan et S．G．Zhang（73页）

9、10．均为横切面，11．纵切面，12．纵向斜切面，均×2；$\epsilon_2 t$

图　版　25

1．*Archaeoprotospongia* sp.（75页）

薄片，×20；$Z_1 d$

2．*Sagenaporellachitena* sp.（76页）

电镜下，×2000；Z_1d

3～5、11～13．*Spiculae* 海绵骨针（75页）

镜下影像；Z_2

6．磷质介壳动物（76页）

薄片，×100；$Z_2 \text{€}_1dn$

7．*Scolithus* sp.（77页）

7a．侧视，7b．腹视，7c．横切面，均×5；$Z_2 \text{€}_1dn$

8、9．*Chancelloria* cf. *altaica* Romanenko（75页）

8．顶视，×40；9．口视，×40；$Z_2 \text{€}_1dn$

10．*Chancelloria* sp.（76页）

10a．外视，10b．横切面，均×20；$Z_2 \text{€}_1dn$

14．痕迹化石（76页）

实体标本，×1；$Z_2 \text{€}_1dn$

15、16．*Micronemaites formosus* Sin et Liu（77页）

镜下，16．×200；17．×356；$Z_2 \text{€}_1dn$

四、图版

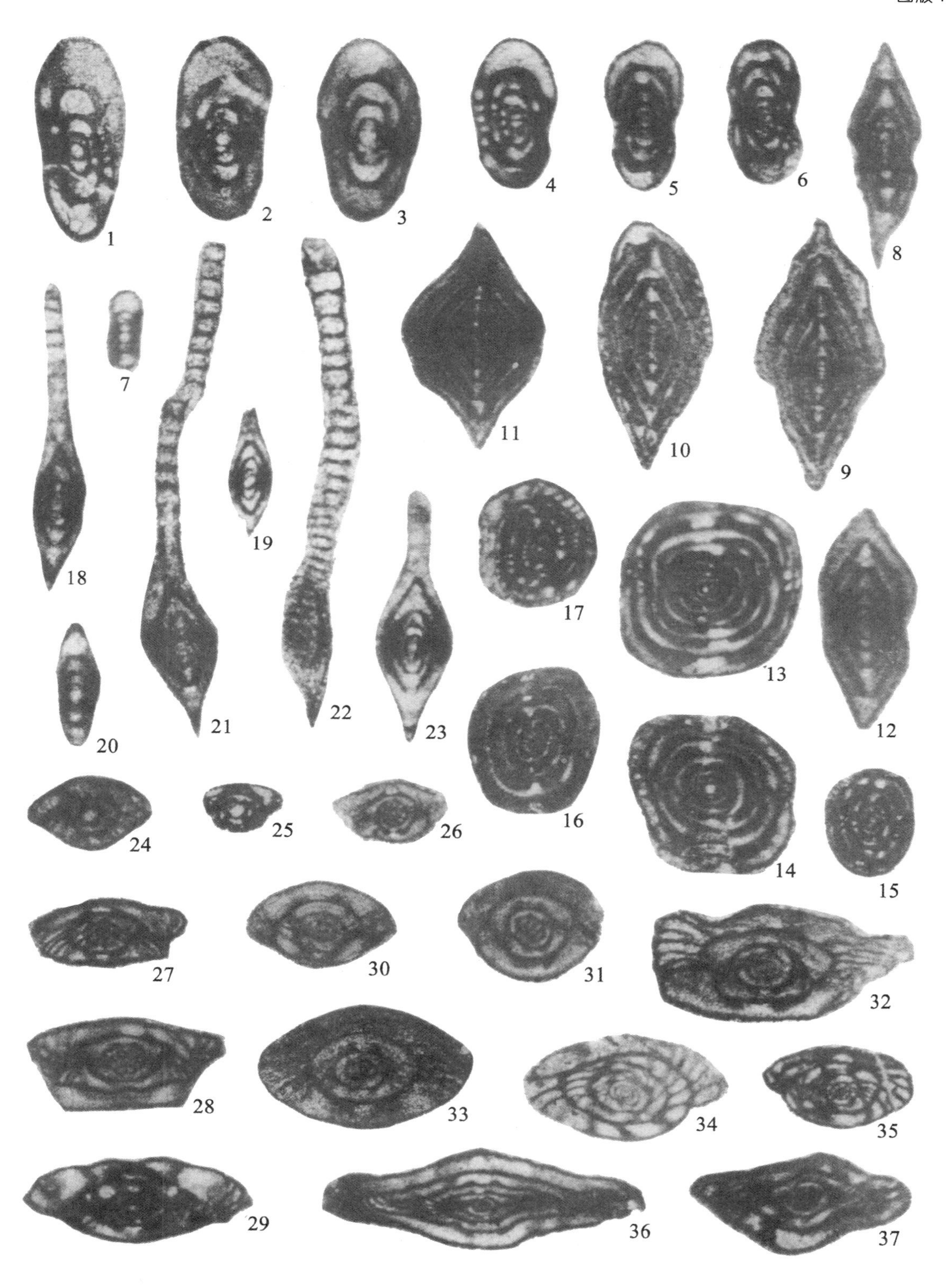

图版 2

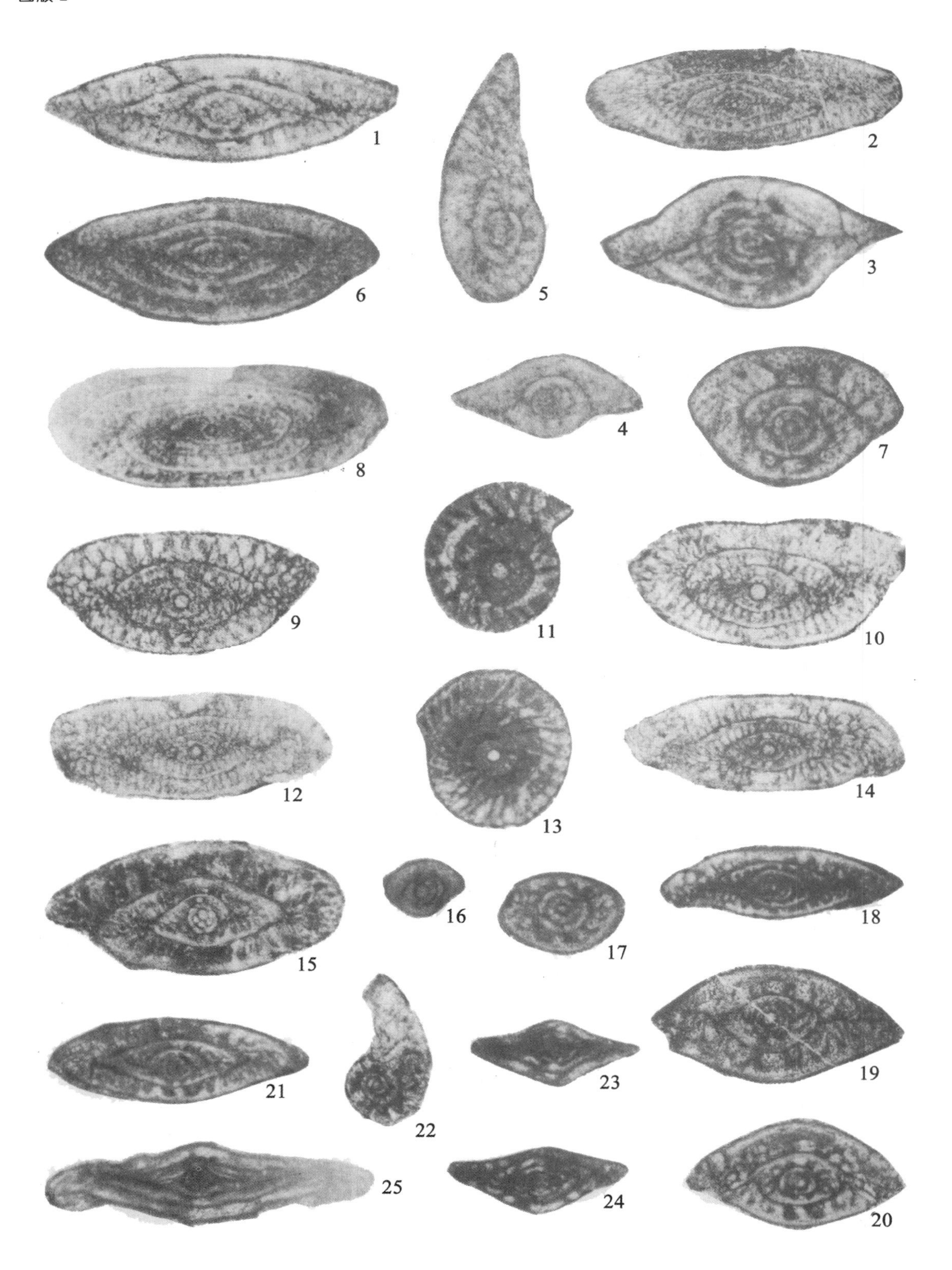

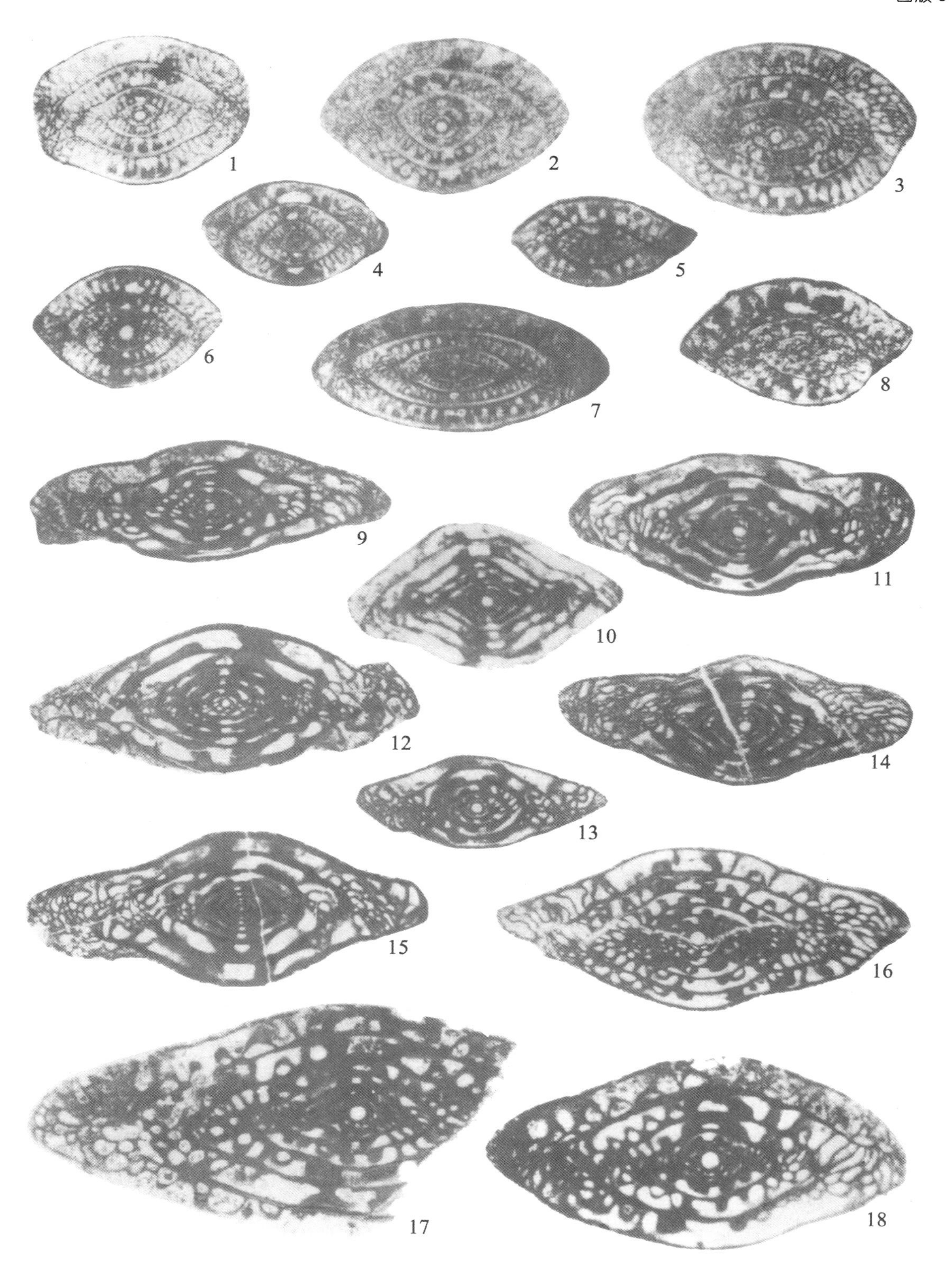
1
2
3
4
5
6
7
8
9
11
10
12
14
13
15
16
17
18

图版 4

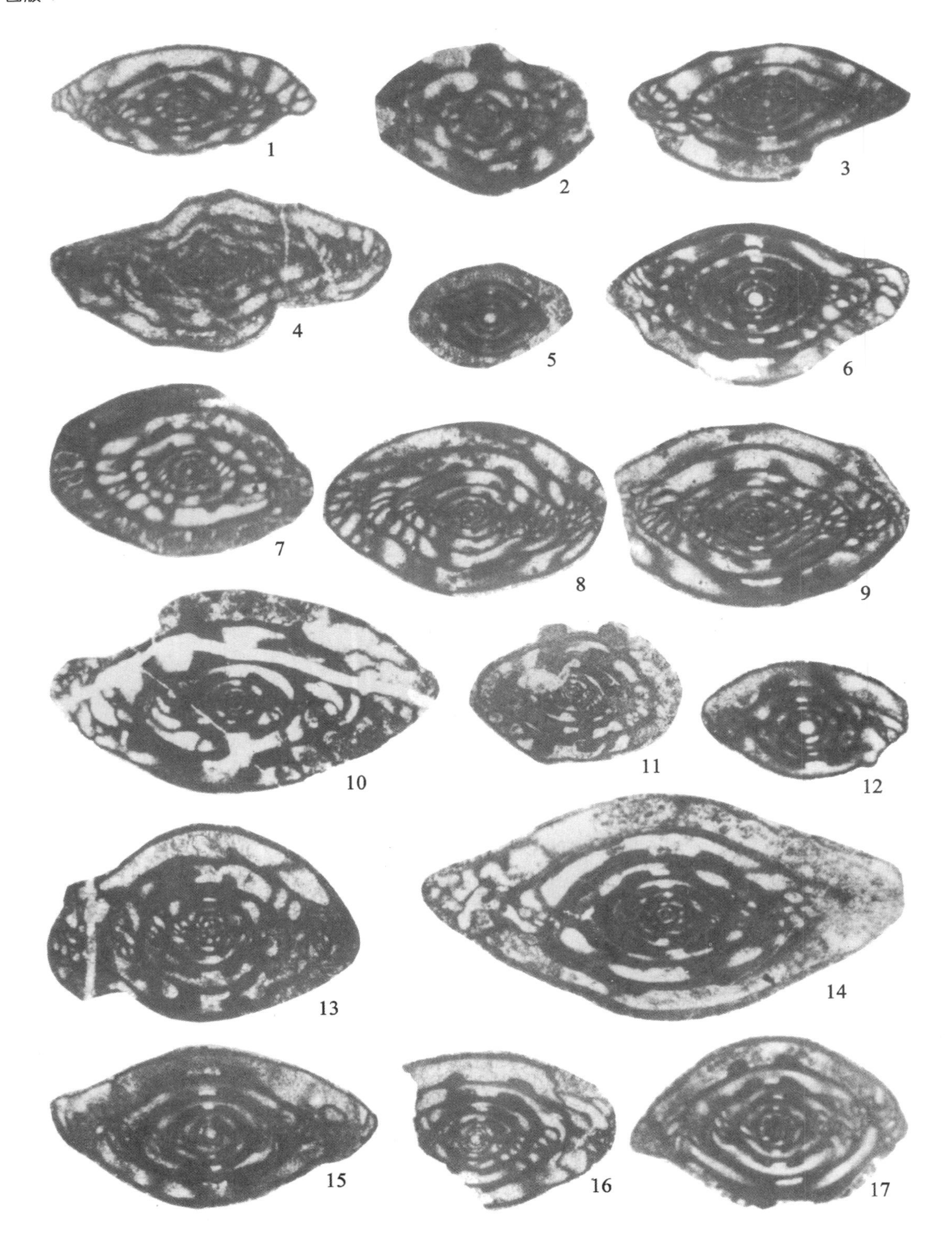

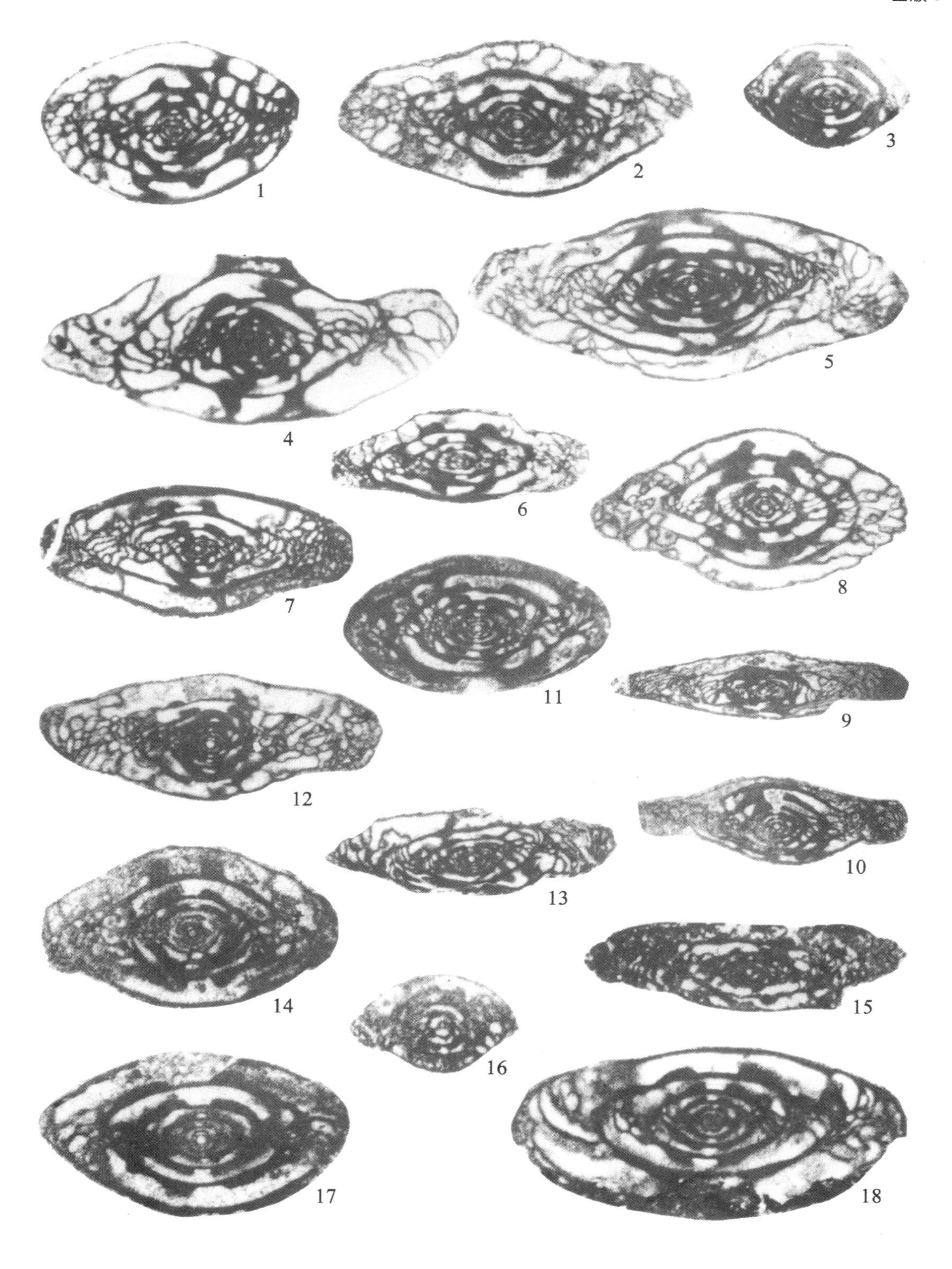
1
2
3
4
5
6
7
8
9
10
11
12
13
14
15
16
17
18

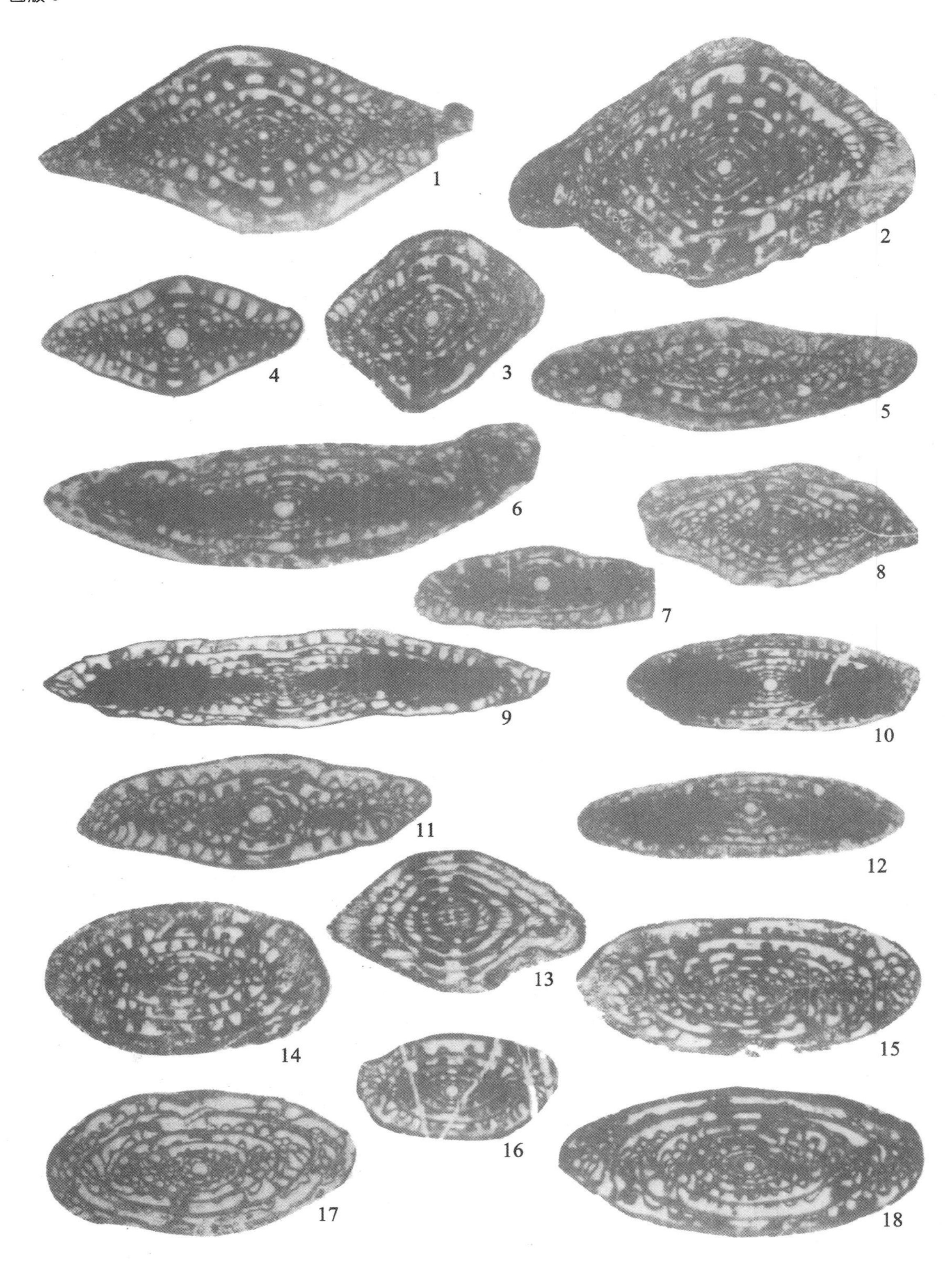
1
2
4
3
5
6
8
7
9
10
11
12
13
14
15
16
17
18

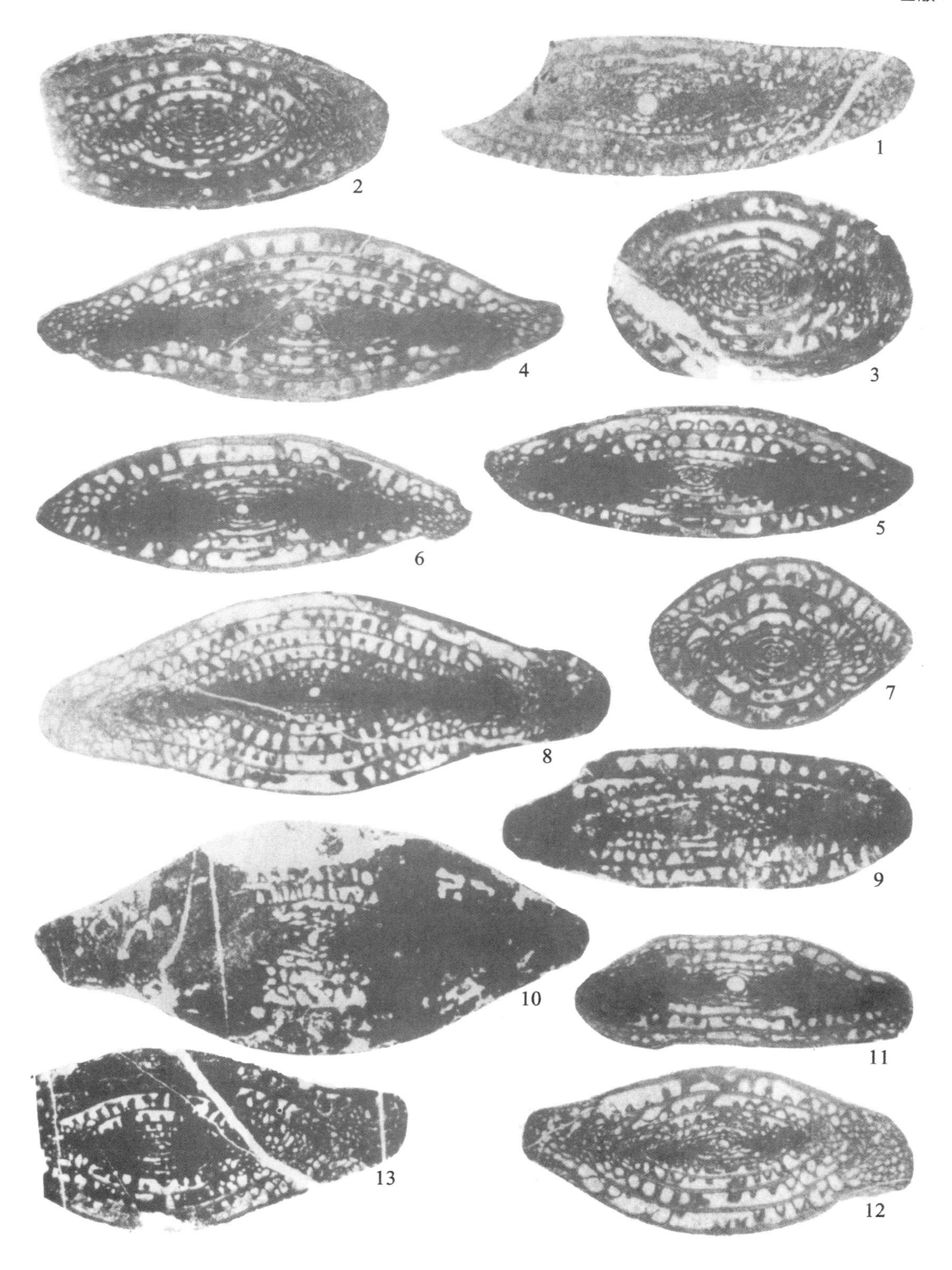
1
2
3
4
5
6
7
8
9
10
11
12
13

图版 8

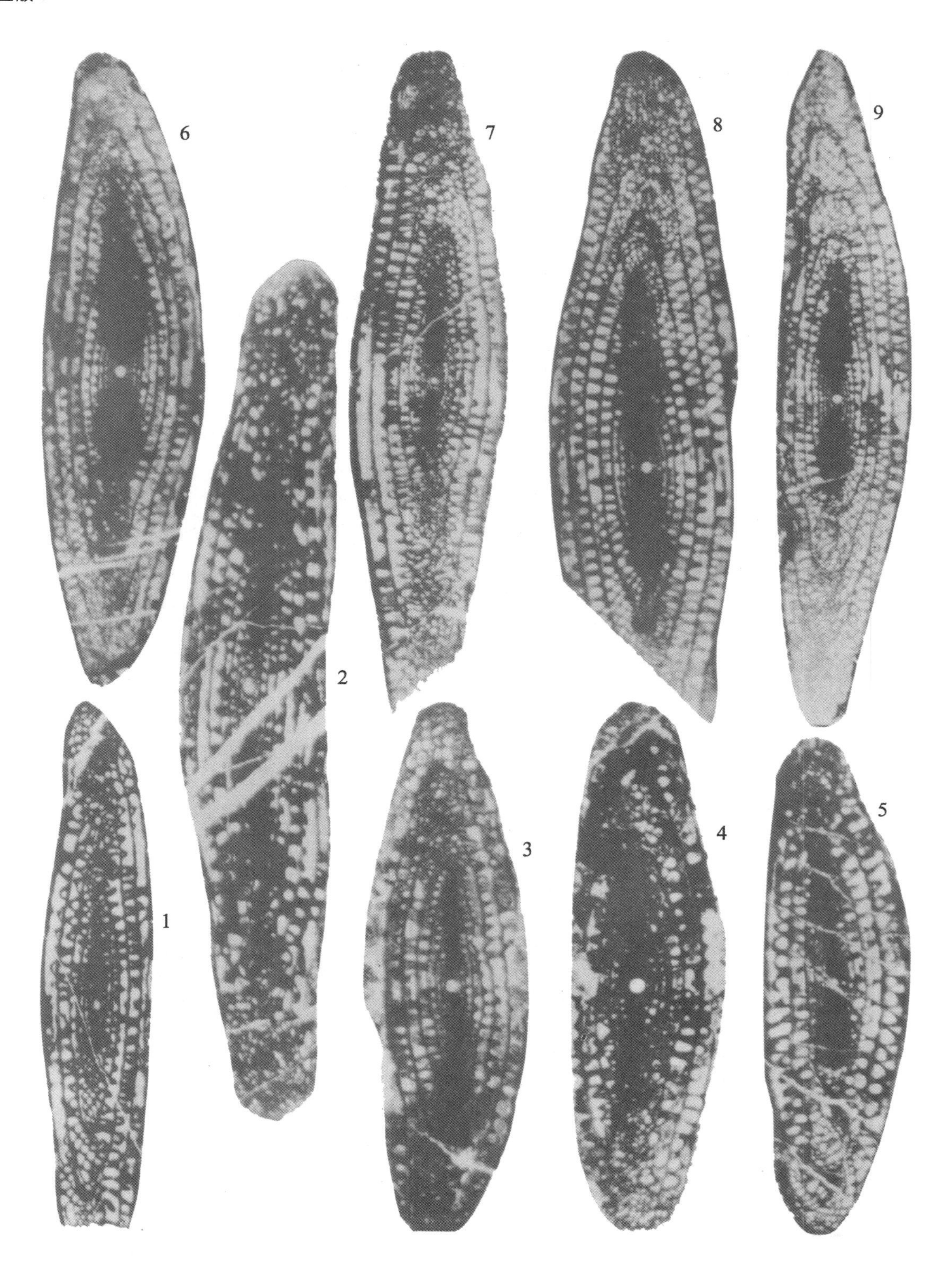

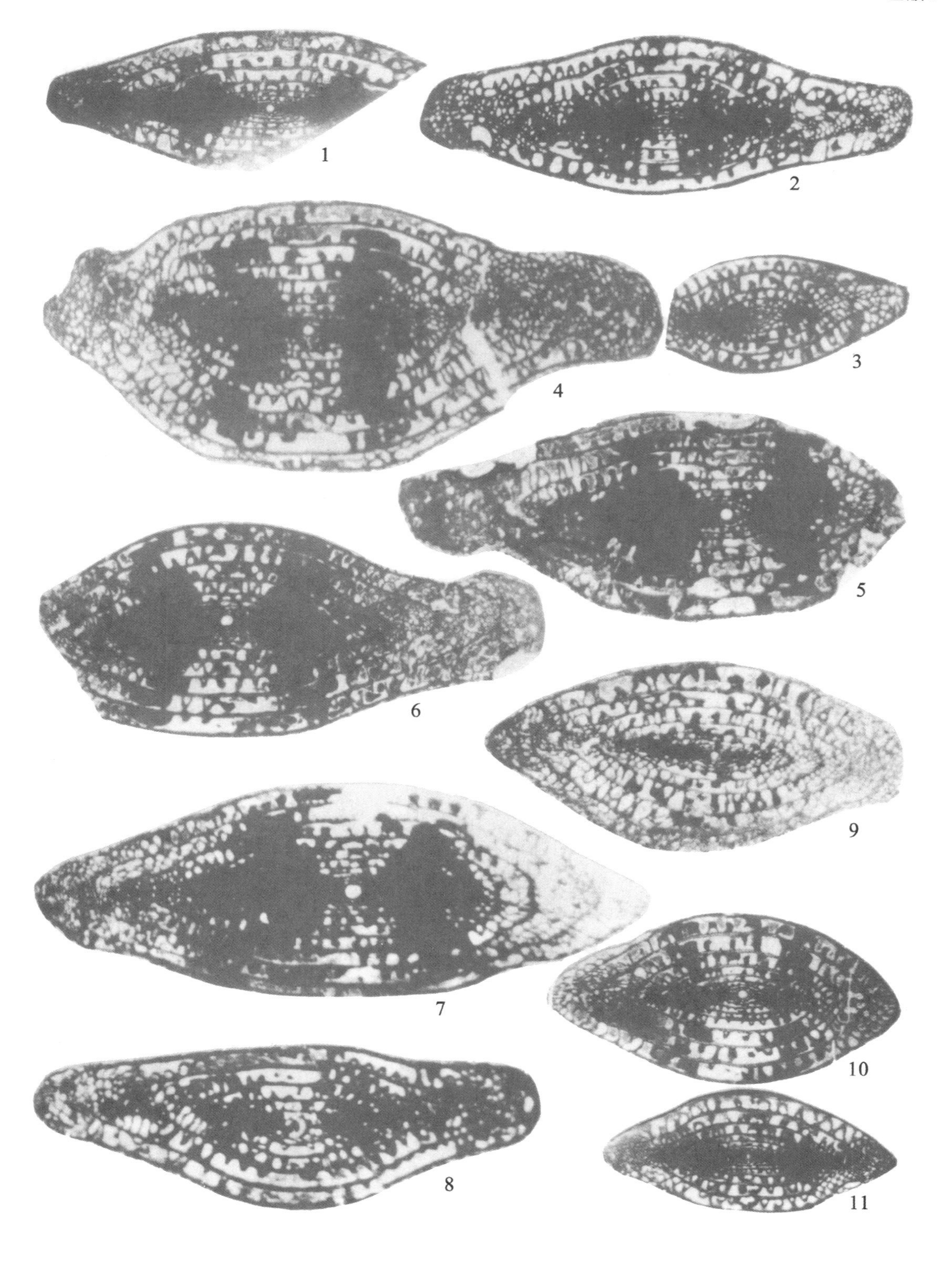
1
2
4
3
5
6
9
7
10
8
11

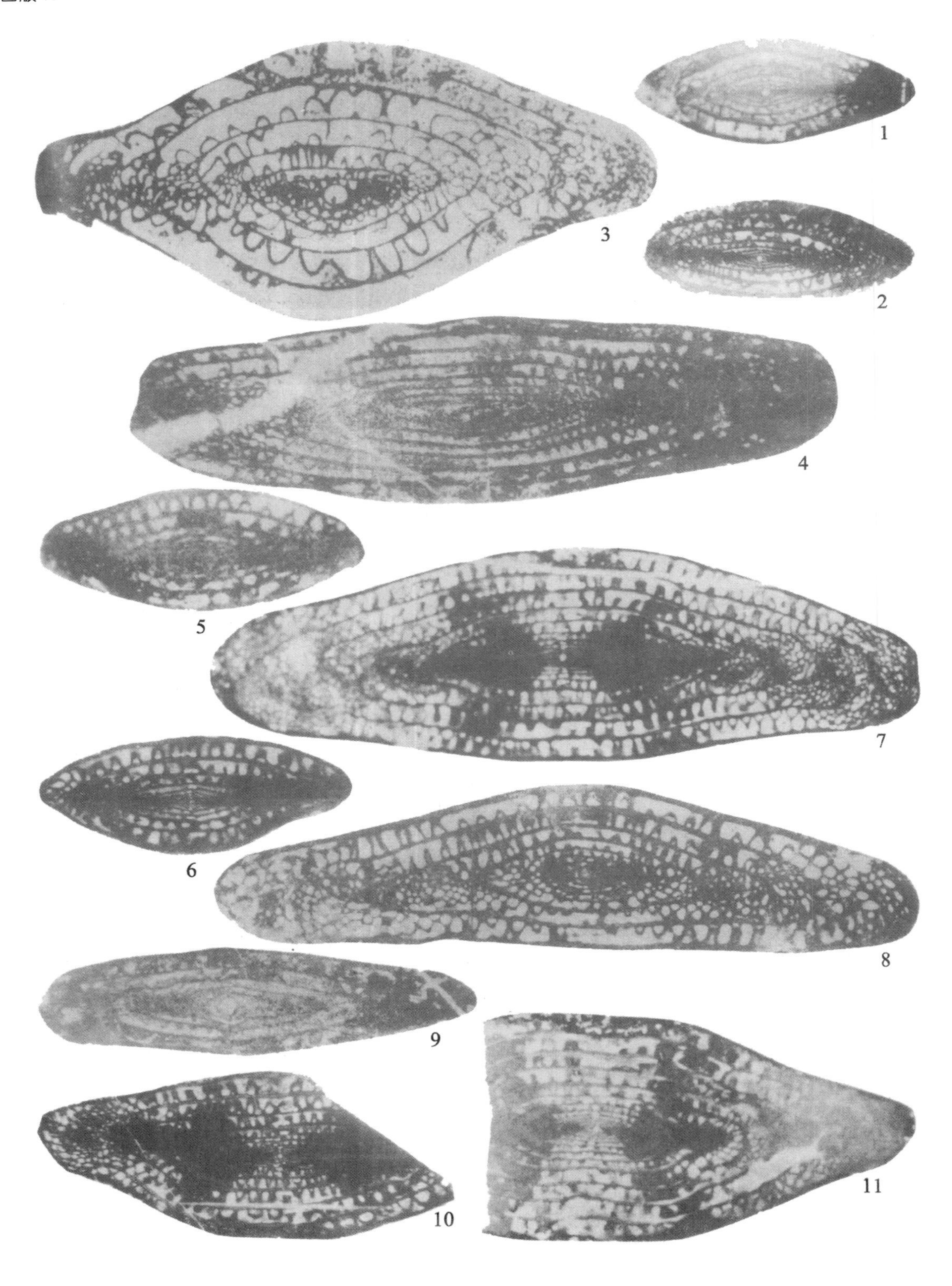
1
2
3
4
5
6
7
8
9
10
11

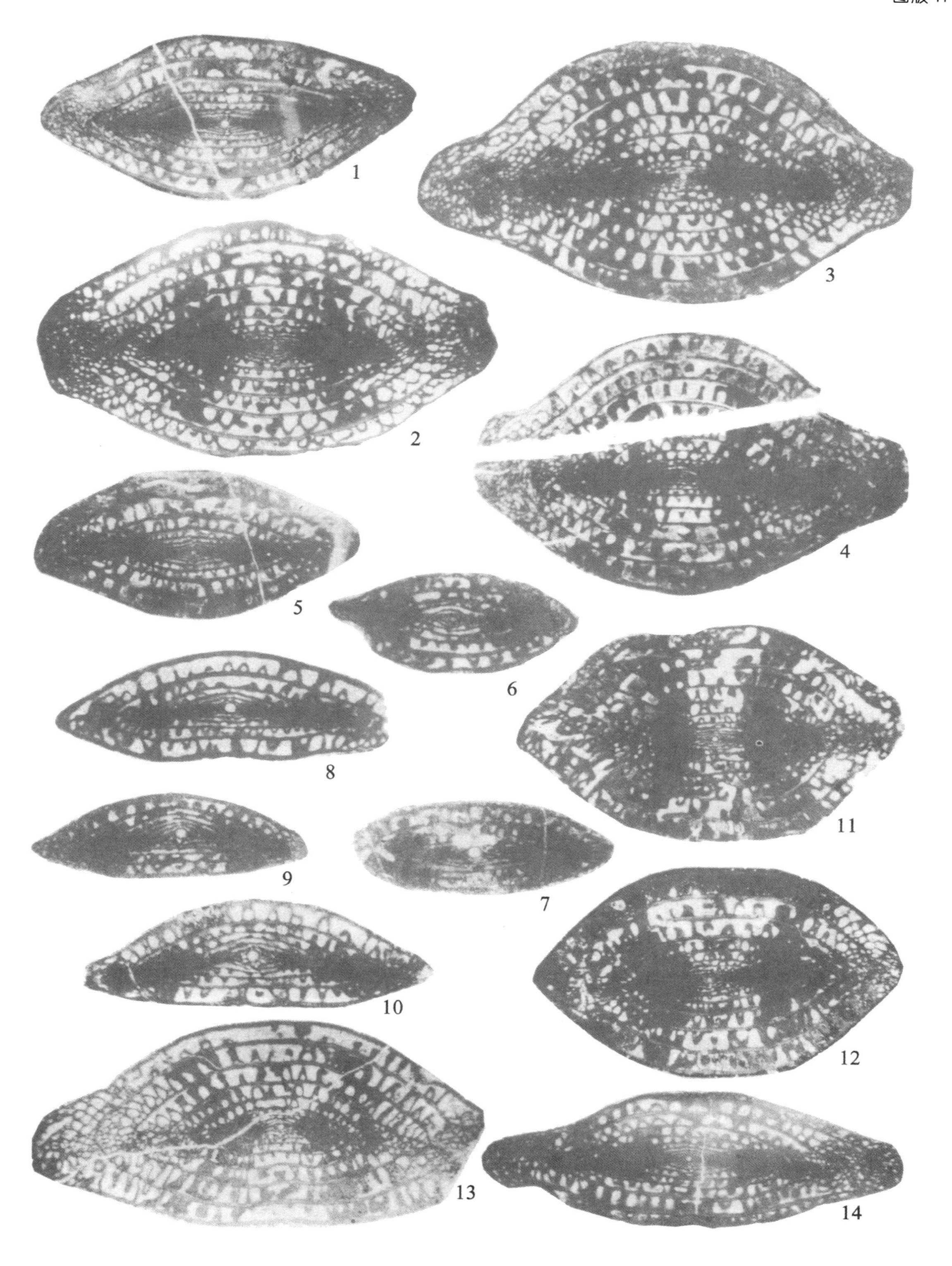
1
3
2
4
5
6
8
11
9
7
10
12
13
14

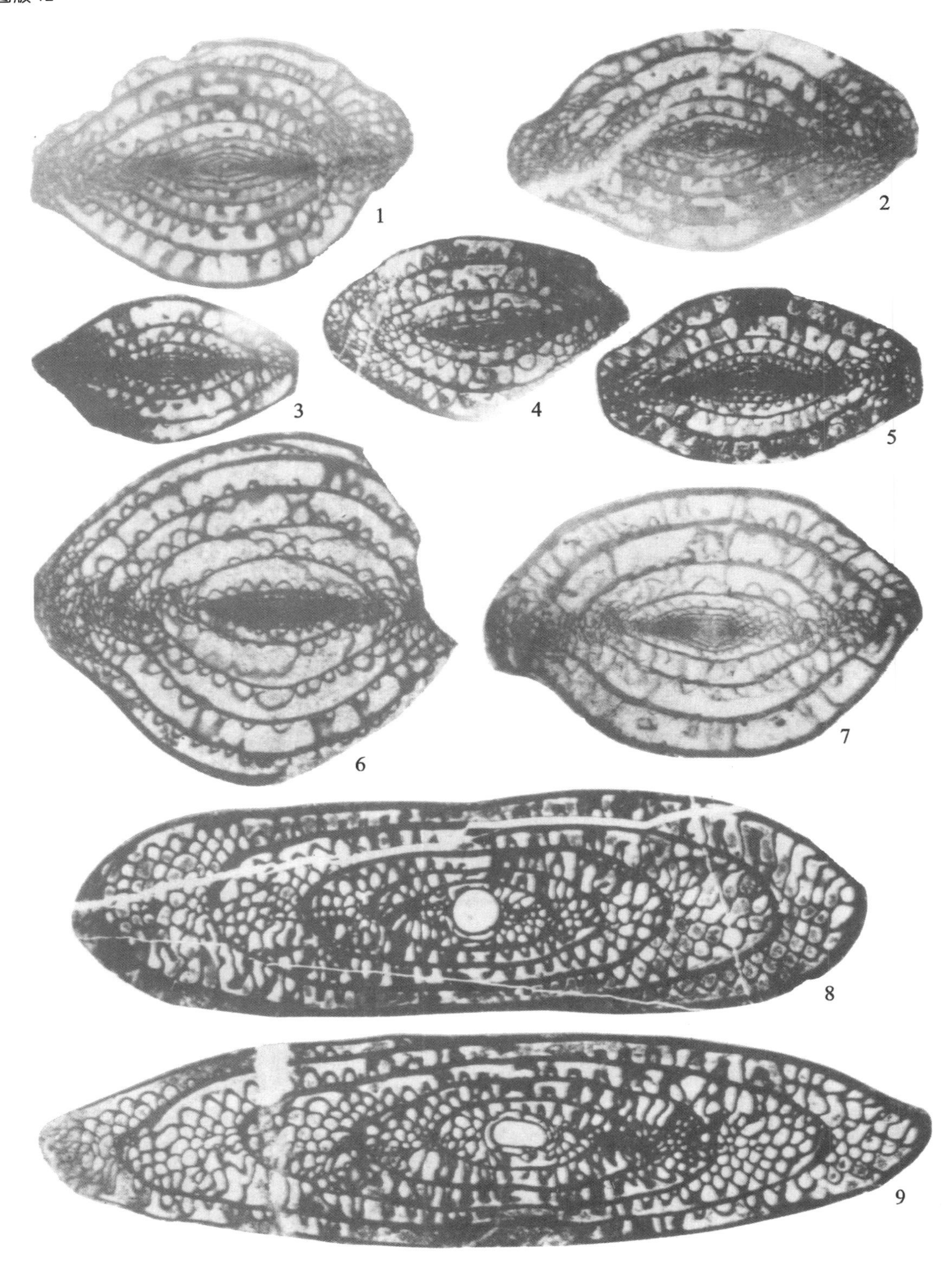
1
2
3
4
5
6
7
8
9

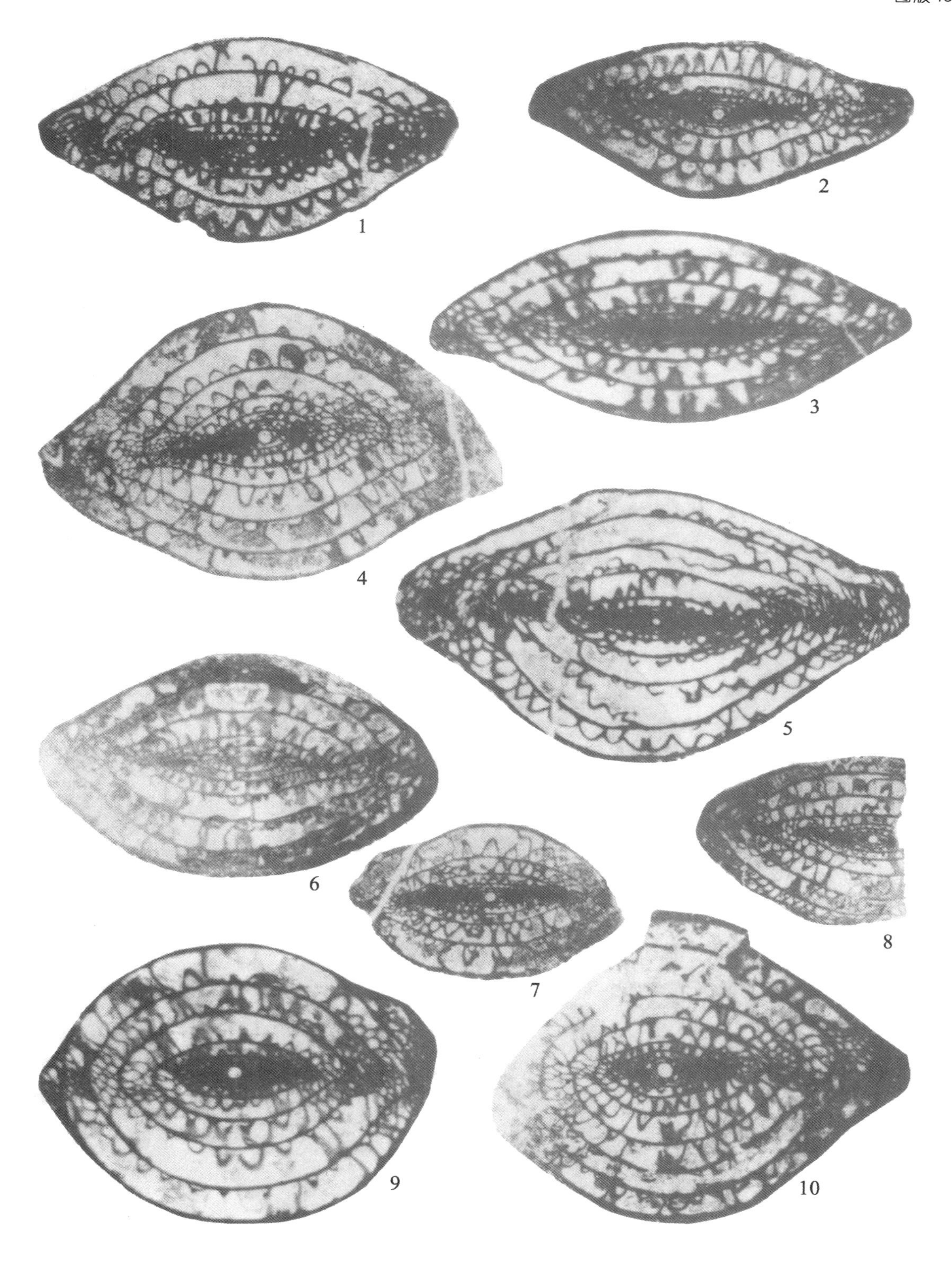
1
2
3
4
5
6
7
8
9
10

10
9
2
1
8
11
12
3
13
14
5
4
15
16
17
7
6

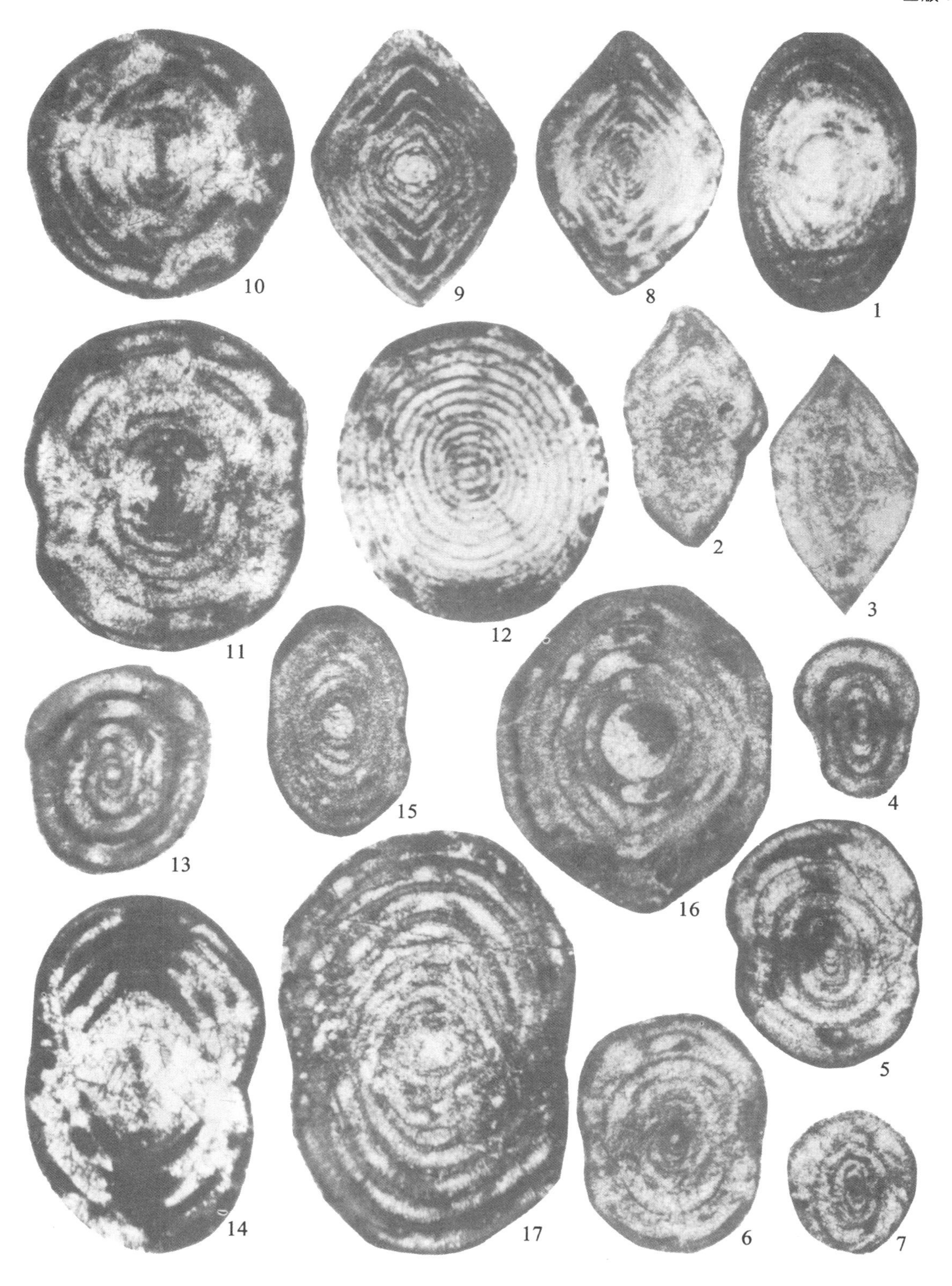
10
9
8
1
11
12
2
3
13
15
16
4
14
17
5
6
7

1
2
3
4
5
6
7
8
9
10
11
12
13
14

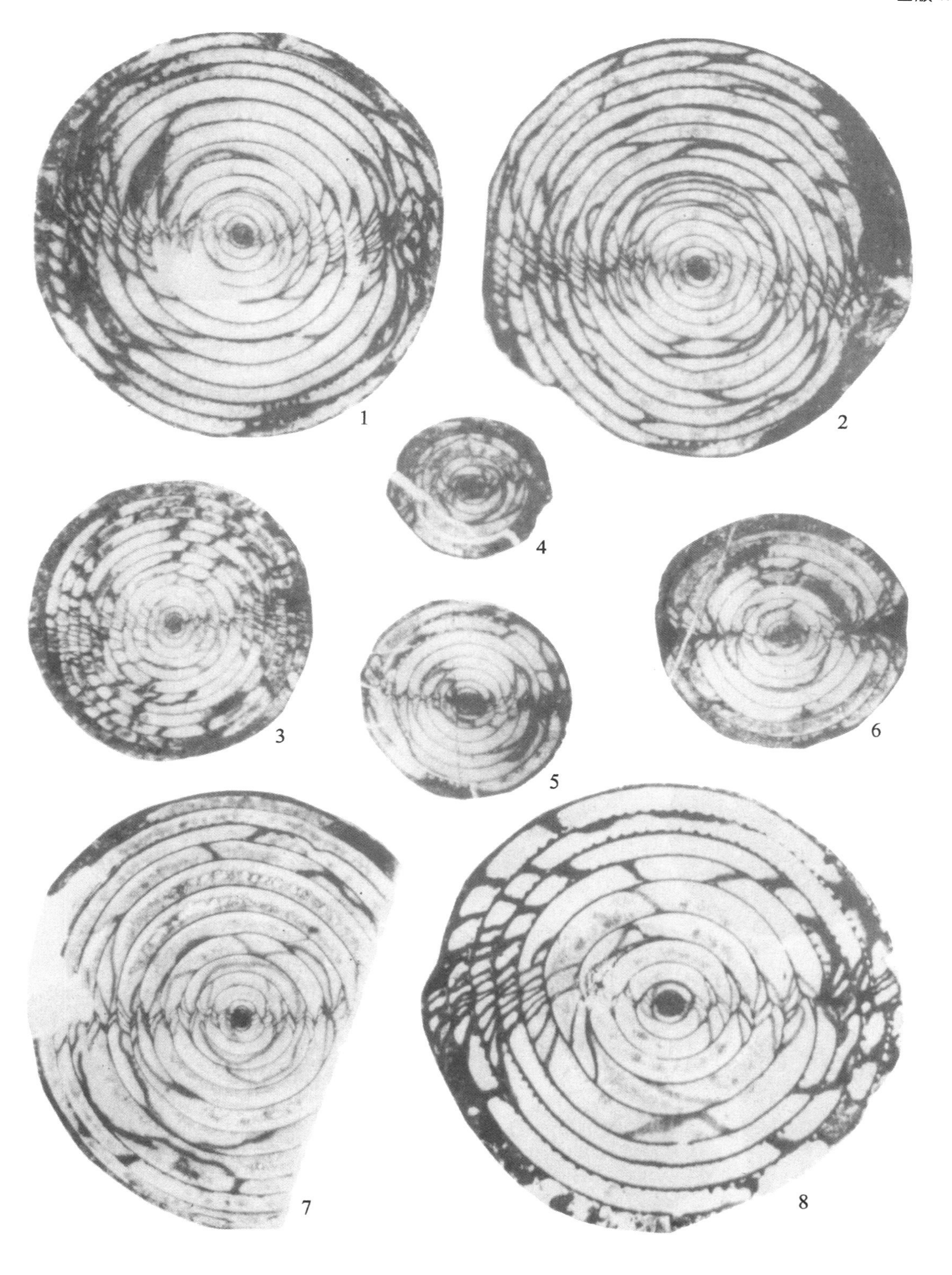
1
2
3
4
5
6
7
8

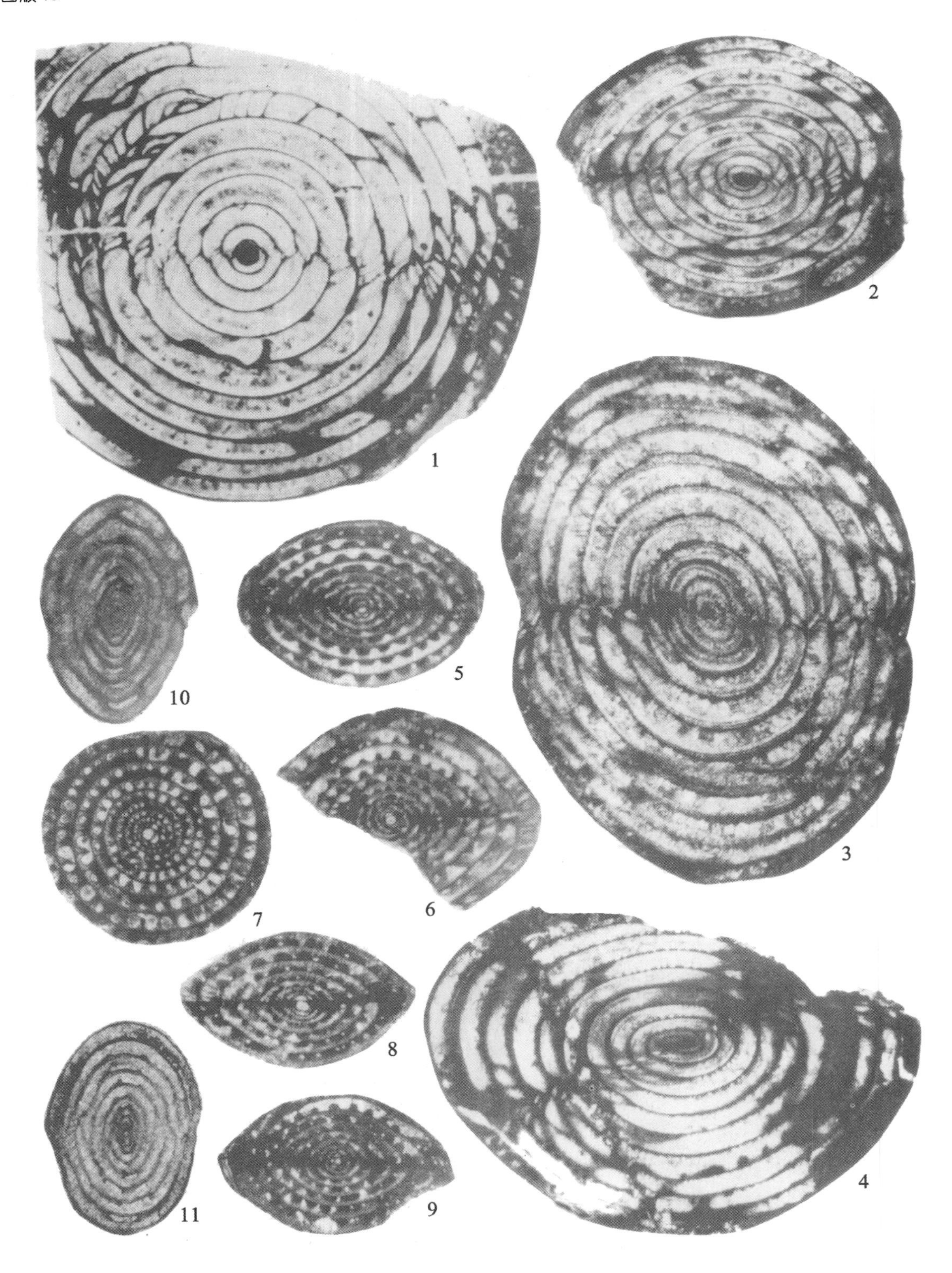
1
2
3
4
5
6
7
8
9
10
11

2
1
4
3
5
6
7
8
10
9
11

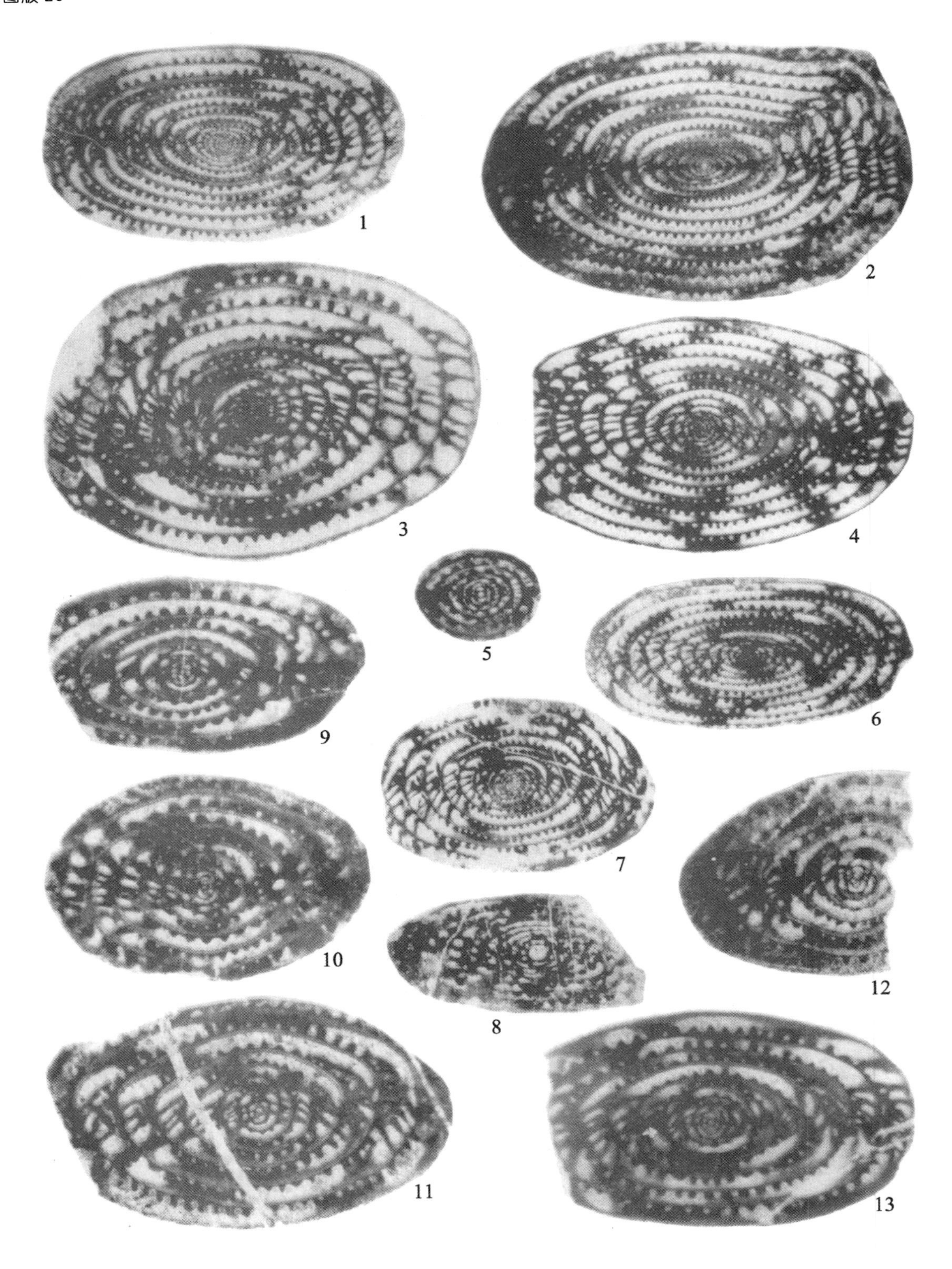
1
2
3
4
5
6
7
8
9
10
11
12
13

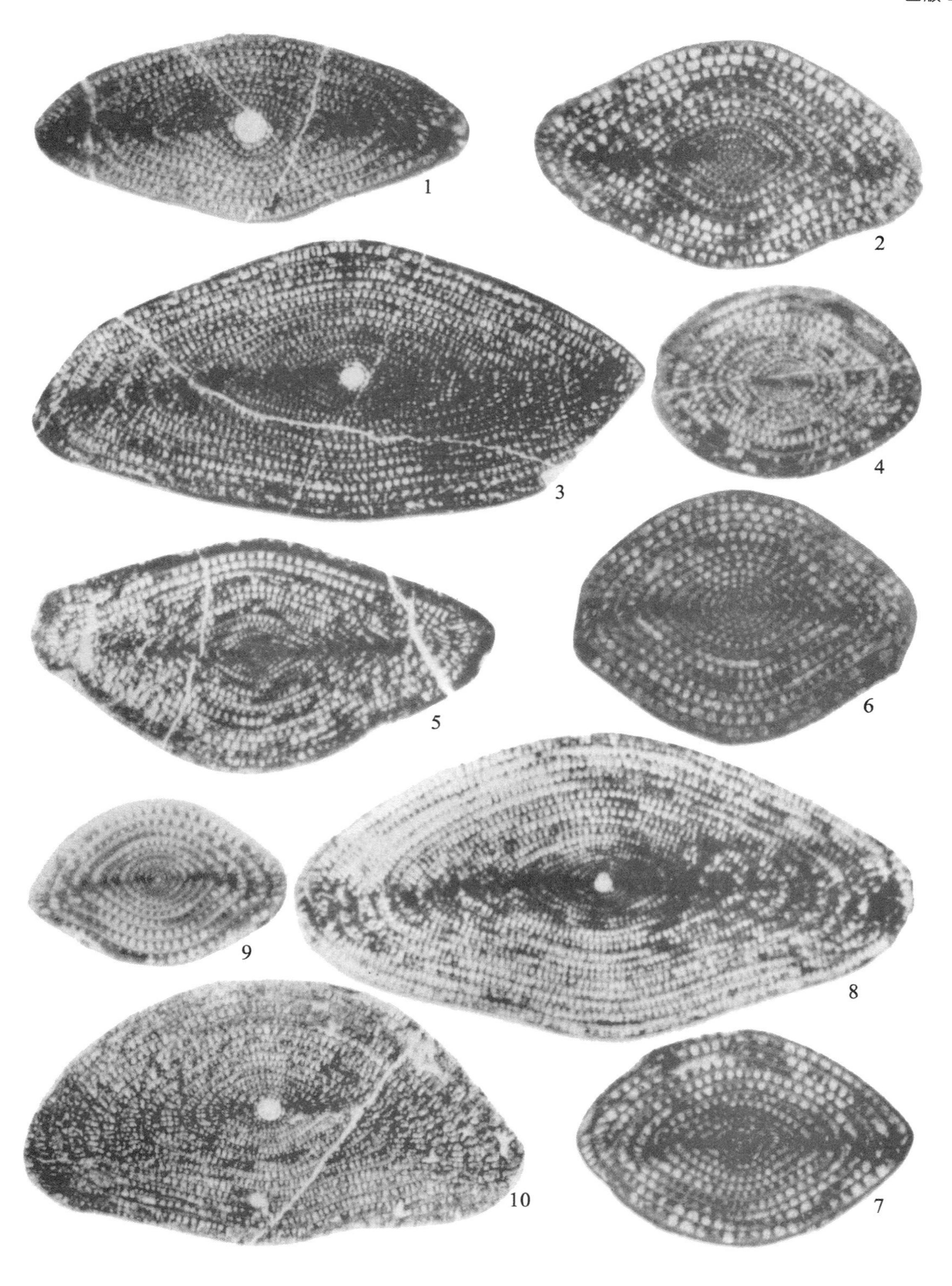
1
2
3
4
5
6
9
8
10
7

1
3
2
4
5
8
9
6
10
7
11
12

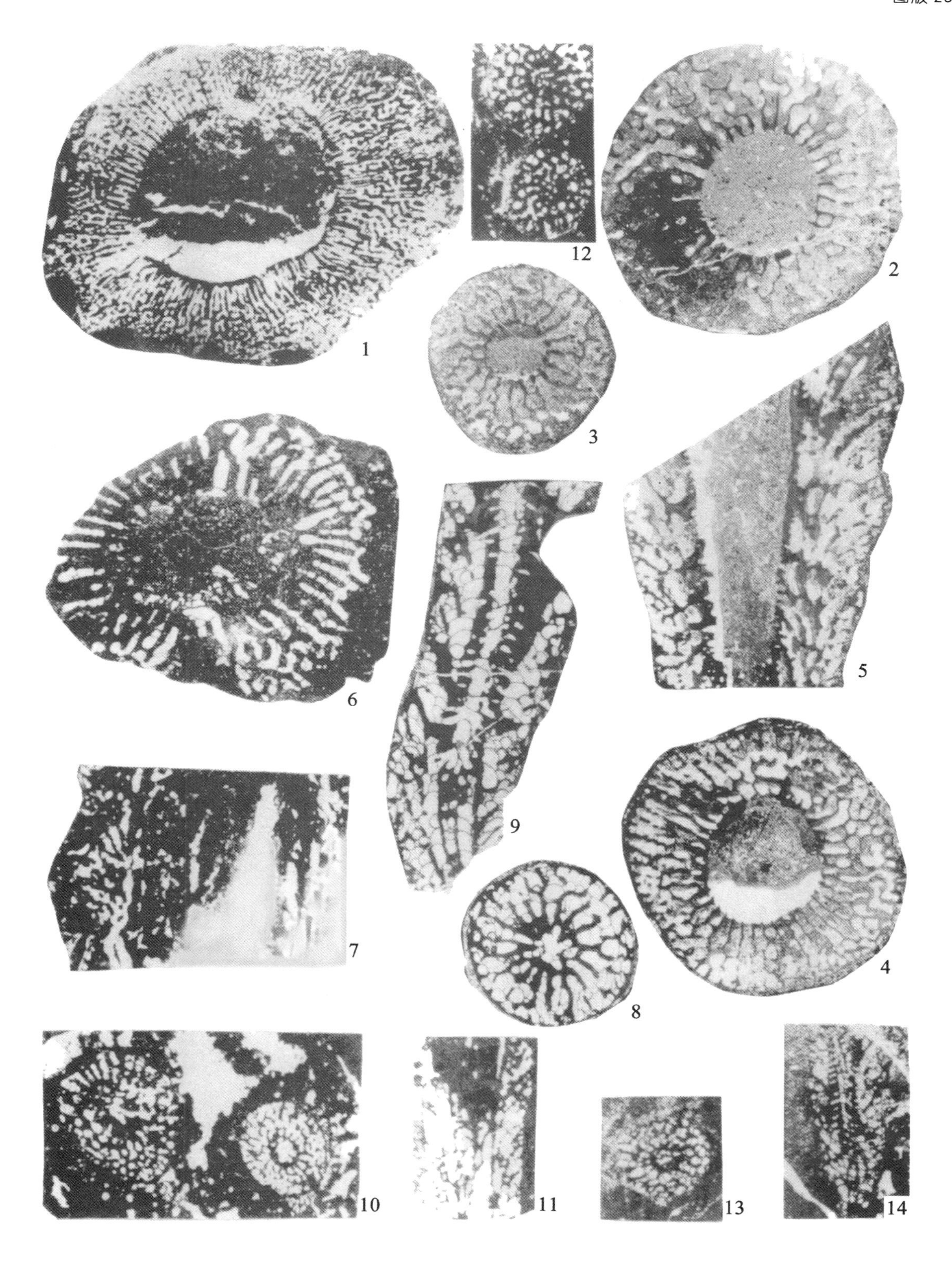

图版 24

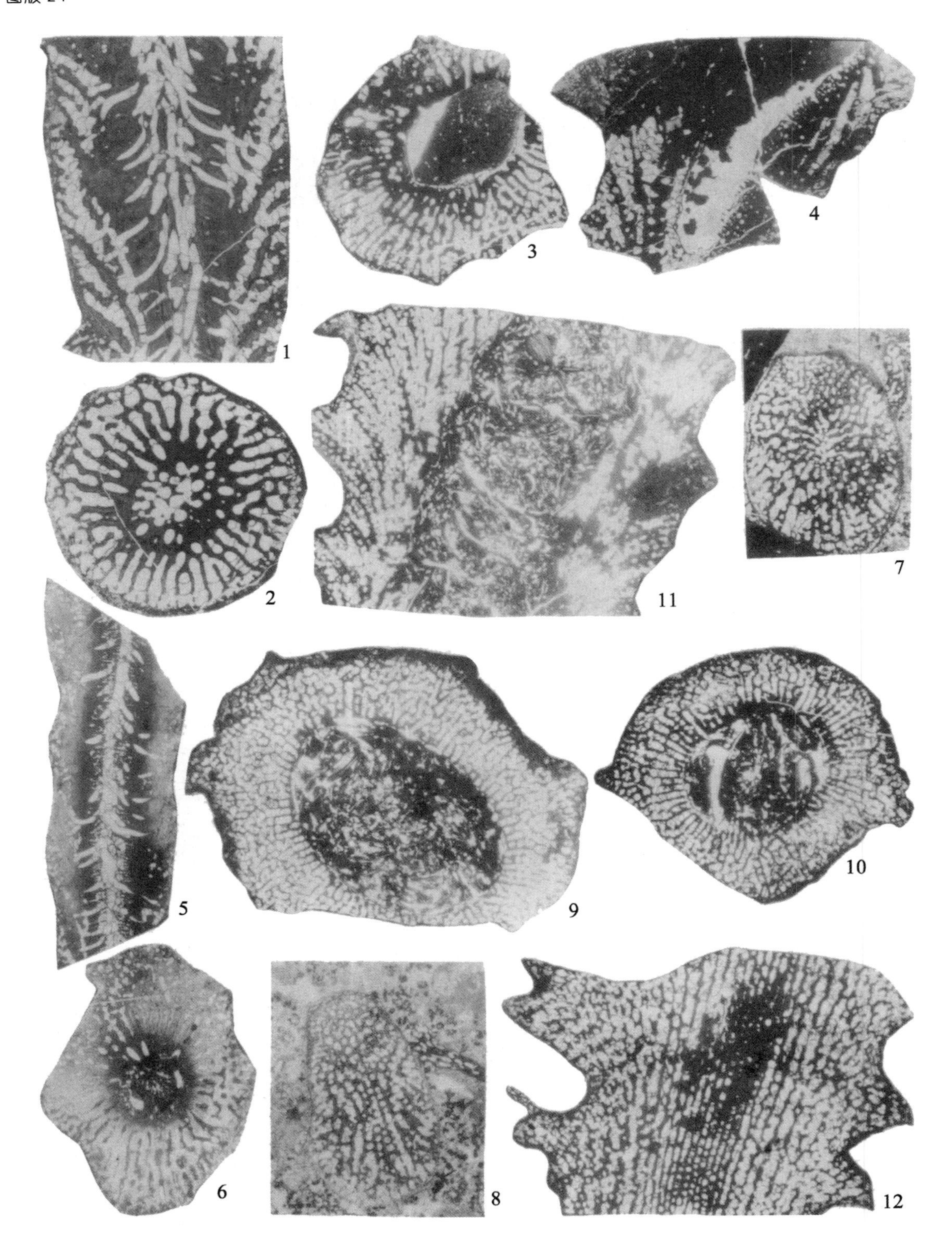

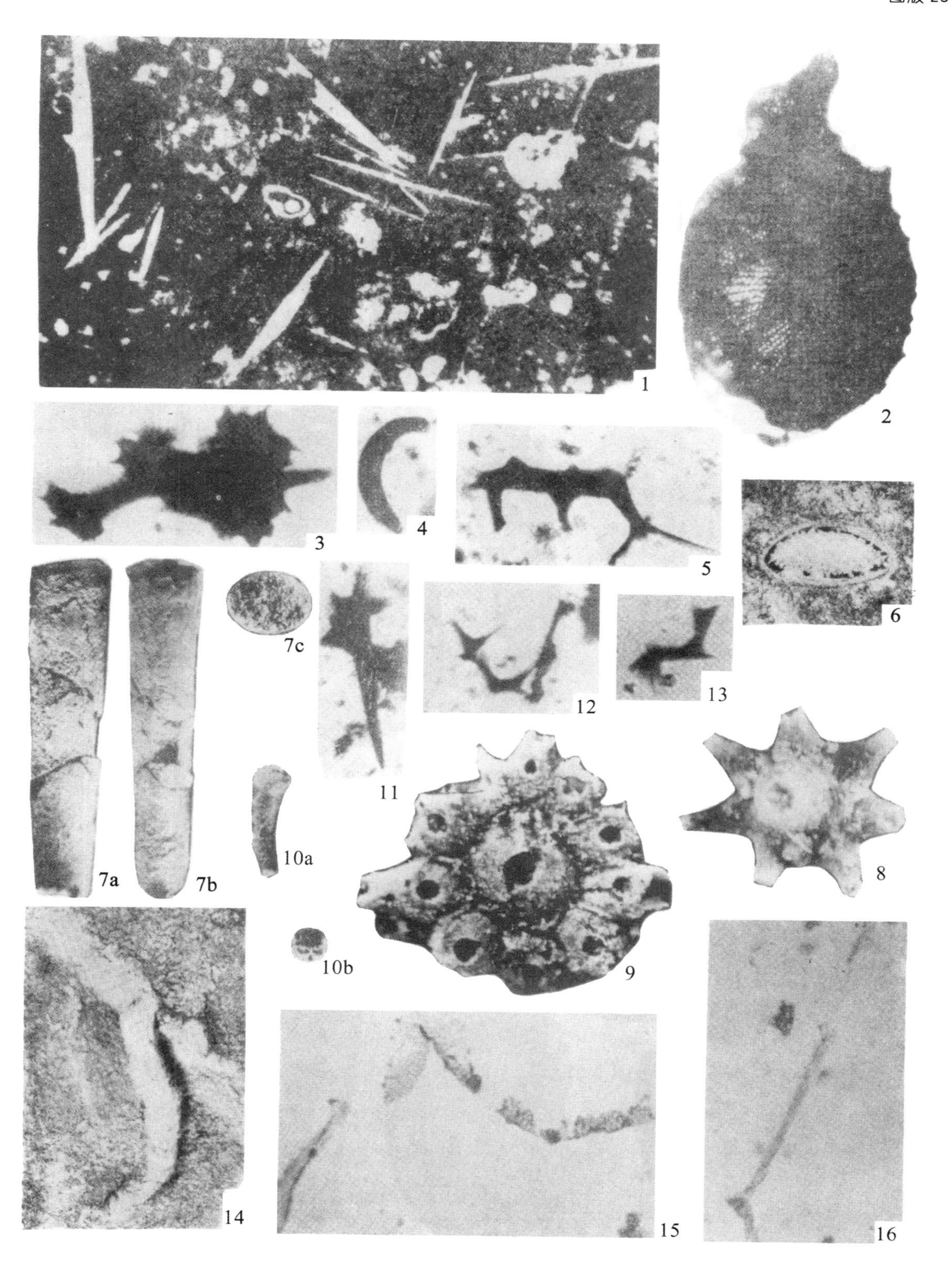
1
2
3
4
5
6
7a
7b
7c
8
9
10a
10b
11
12
13
14
15
16